Eureka Math®
Niveau 5
Modules 3 et 4

Great Minds PBC is the creator of Eureka Math®,
Wit & Wisdom®, Alexandria Plan™, and PhD Science™.

Published by Great Minds PBC. greatminds.org

ISBN 978-1-64929-101-1

1 2 3 4 5 6 7 8 9 10 MPP 25 24 23 22 21

Printed in the USA

Apprendre ♦ Pratiquer ♦ Réussir

Le matériel pédagogique d'*Eureka Math*® pour *A Story of Units*® (K-5) est proposé dans le trio *Apprendre, Pratiquer, Réussir*. Cette série prend en charge la différenciation et la remédiation tout en gardant les documents pour les élèves organisés et accessibles. Les éducateurs constateront que la série *Apprendre, Pratiquer,* et *Réussir* propose également des ressources cohérentes—et donc plus efficaces—pour la réponse à l'intervention (RAI), la pratique supplémentaire et l'apprentissage pendant l'été.

Apprendre

Apprendre d'Eureka Math sert de compagnon de classe aux élèves, où ils montrent leurs réflexions, partagent ce qu'ils savent, et voient leurs connaissances s'enrichir chaque jour. *Apprendre rassemble le travail quotidien en classe—Problèmes d'application, Tickets de sortie, Séries de problèmes, Modèles—dans un volume organisé et facilement navigable.*

Pratiquer

Chaque leçon *Eureka Math* commence par une série d'activités de perfectionnement énergiques et joyeuses, y compris celles se trouvant dans *Pratiquer d'Eureka Math.* Les élèves qui maîtrisent déjà leurs savoirs en mathématiques peuvent acquérir une plus grande maîtrise pratique, encore plus approfondie. Avec *Pratiquer*, les élèves acquièrent des compétences dans les savoirs nouvellement acquis et renforcent leurs apprentissages antérieurs en vue de la leçon suivante.

Ensemble, *Apprendre* et *Pratiquer* fournissent tout le matériel imprimé que les élèves utiliseront pour leur enseignement fondamental des mathématiques.

Réussir

Réussir d'Eureka Math permet aux élèves de travailler individuellement vers leur maîtrise. Ces séries additionnelles de problèmes font correspondre chaque leçon à l'enseignement en classe, ce qui les rend idéaux comme devoirs ou entraînements supplémentaires. Chaque ensemble de problèmes est accompagné d'une Aide aux devoirs, un ensemble d'exemples concrets qui illustrent comment résoudre des problèmes similaires.

Les enseignants et les tuteurs peuvent utiliser les livres *Réussir* des niveaux précédents comme outils cohérents avec le programme pour combler des lacunes dans les connaissances fondamentales. Les élèves s'épanouiront et progresseront plus rapidement parce que les modèles familiers facilitent les connexions au contenu de leur niveau scolaire actuel.

EUREKA MATH®

Élèves, familles et éducateurs :

Merci de faire partie de la communauté *Eureka Math*®, qui célèbre la passion, l'émerveillement et le plaisir des mathématiques.

Rien ne vaut la satisfaction de la réussite : plus les élèves sont compétents, plus leur motivation et leur engagement sont grands. Le livre *Eureka Math Réussir* fournit les conseils et les exercices supplémentaires dont les élèves ont besoin pour consolider leurs connaissances de base et acquérir la maîtrise de nouveaux matériaux.

Que contient le livre Réussir ?

Les livres *Eureka Math Réussir* fournissent des ensembles d'exercices pratiques qui complémentent les leçons de *Une histoire d'unités*®. Chaque leçon de *Réussir* commence par un ensemble d'exemples travaillés, appelés *Aides aux devoirs*, qui illustrent la façon dont le programme d'études utilise la modélisation et le raisonnement pour renforcer la compréhension. Ensuite, les élèves s'exercent à l'aide d'une série de problèmes soigneusement séquencés afin de partir d'une zone de confort, puis augmentent progressivement en complexité.

Comment utiliser Réussir ?

La série de livres *Réussir* peut être utilisée comme enseignement différencié, exercices pratiques, devoirs ou comme soutien scolaire. Associées à *Affirmé*®, le système d'évaluation numérique d'*Eureka Math*, les leçons de *Réussir* permettent aux éducateurs de dispenser une pratique ciblée et d'évaluer les avancées des élèves. L'alignement de *Réussir* avec les modèles mathématiques et le langage utilisés dans *Une Histoire d'Unités* assurent aux élèves la compréhension les liens et la pertinence de leur enseignement quotidien, qu'ils travaillent sur les compétences de base ou qu'ils s'exercent dans la thématique du moment.

Où puis-je en savoir plus sur les ressources Eureka Math ?

L'équipe de Great Minds® s'engage à aider les élèves, les familles, et les éducateurs avec une bibliothèque de ressources en constante expansion, disponible sur le site eureka-math.org. Le site Web propose également des histoires de réussite inspirantes survenues dans la communauté *Eureka Math*. Partagez vos idées et vos réalisations avec d'autres utilisateurs en devenant un Champion d'*Eureka Math*.

Meilleurs vœux pour une année remplie de moments Eureka !

Jill Diniz

Jill Diniz
Directeur des mathématiques
Great Minds

Table des matières

Module 3 : Addition et soustraction de fractions

Module 4 : Multiplication et division des fractions et décimales Fractions

Sujet G : Division des fractions et des fractions décimales

Sujet H : Interprétation des expressions numériques

Si je n'ai pas la bande de papier pliée de la classe, je peux couper une bande de papier de la longueur de cette droite numérique. Je peux le plier en 2 parties égales. Ensuite, je peux l'utiliser pour étiqueter la droite numérique.

1. Utilisez la bande de papier pliée pour marquer les points 0 et 1 au-dessus de la droite numérique et $\frac{0}{2}$, $\frac{1}{2}$, et $\frac{2}{2}$ dessous.

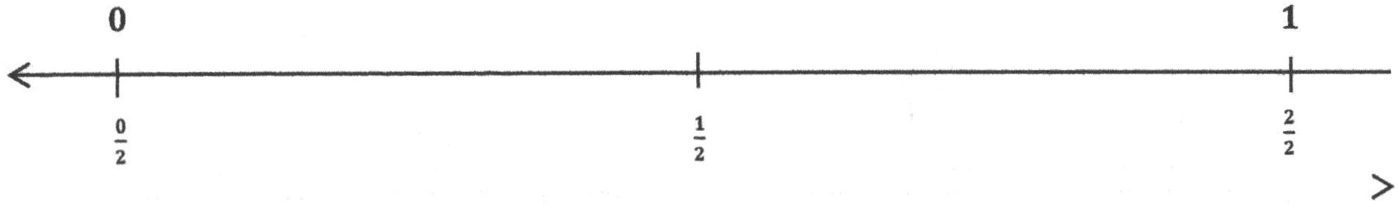

Tracez une ligne verticale au milieu de chaque rectangle, créant deux parties. Ombrez la moitié gauche de chacun.

Partition avec des lignes horizontales pour afficher les fractions équivalentes $\frac{2}{4}$, $\frac{3}{6}$, $\frac{4}{8}$, et $\frac{5}{10}$. Utilisez la multiplication pour montrer le changement dans les unités.

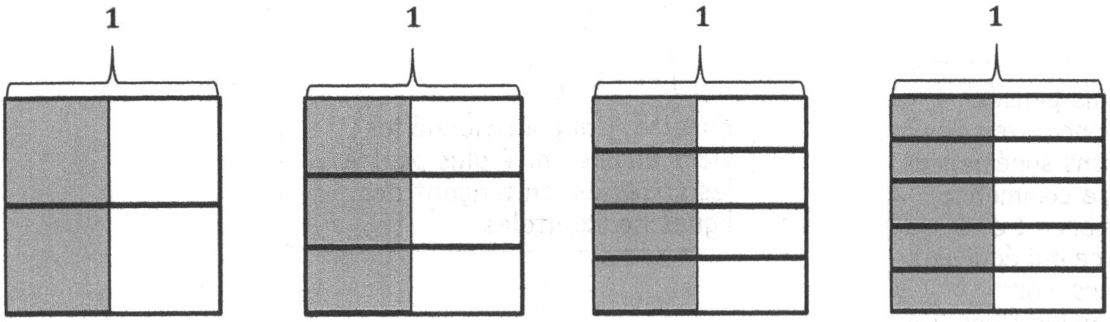

$\frac{1}{2} = \frac{1 \times 2}{2 \times 2} = \frac{2}{4}$ $\frac{1}{2} = \frac{1 \times 3}{2 \times 3} = \frac{3}{6}$ $\frac{1}{2} = \frac{1 \times 4}{2 \times 4} = \frac{4}{8}$ $\frac{1}{2} = \frac{1 \times 5}{2 \times 5} = \frac{5}{10}$

J'ai commencé avec un tout et je l'ai divisé en deux en dessinant 1 ligne verticale. J'ai ombré 1 moitié. Ensuite, j'ai divisé les moitiés en 2 parties égales en traçant une ligne horizontale. L'ombrage me montre que $\frac{1}{2} = \frac{2}{4}$.

J'ai fait la même chose avec les autres modèles. J'ai divisé les moitiés en unités plus petites pour faire des sixièmes, des huitièmes et des dixièmes.

2. Continuez le processus et modélisez 2 fractions équivalentes pour 4 tiers. Estimer pour marquer les points sur la droite numérique.

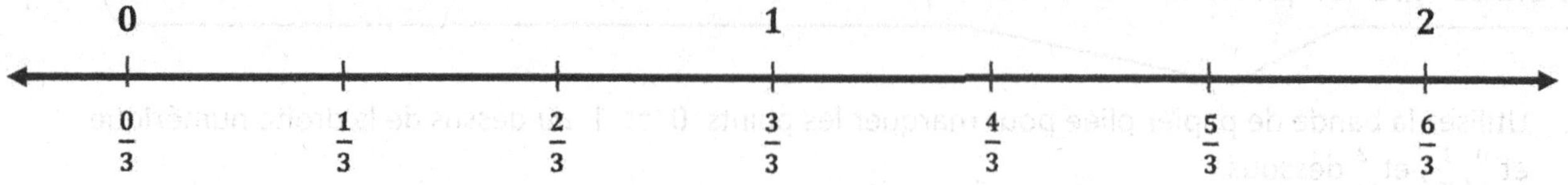

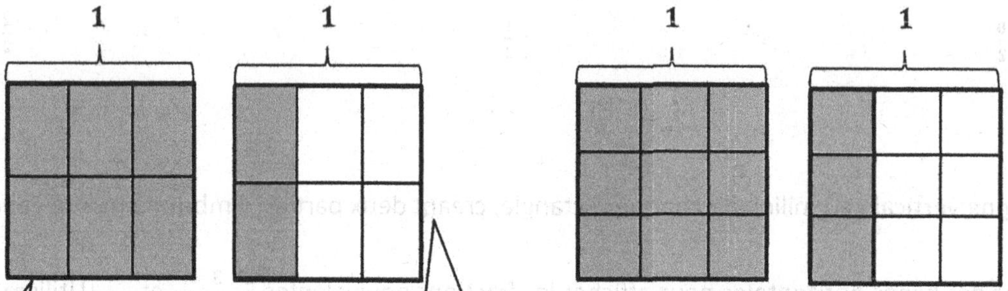

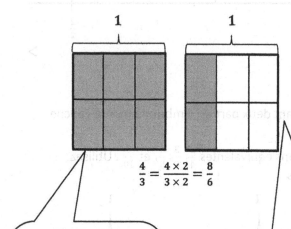

$\frac{4}{3} = \frac{4 \times 2}{3 \times 2} = \frac{8}{6}$

$\frac{4}{3} = \frac{4 \times 3}{3 \times 3} = \frac{12}{9}$

La même pensée fonctionne avec des fractions supérieures à un. Je commence par ombrer 1 et 1 tiers, ce qui équivaut à 4 tiers. Pour montrer les tiers, j'ai dessiné des lignes verticales.

Ensuite, j'ai partitionné les tiers en une unité plus petite, les sixièmes, en traçant des lignes horizontales.

Nom ______________________________ Date ______________

1. Utilisez la bande de papier pliée pour marquer les points 0 et 1 au-dessus de la droite numérique et $\frac{0}{3}$, $\frac{1}{3}$, $\frac{2}{3}$, et $\frac{3}{3}$ dessous.

Tracez deux lignes verticales pour diviser chaque rectangle en trois. Ombrez le tiers gauche de chacun. Partition avec des lignes horizontales pour afficher les fractions équivalentes. Utilisez la multiplication pour montrer le changement dans les unités.

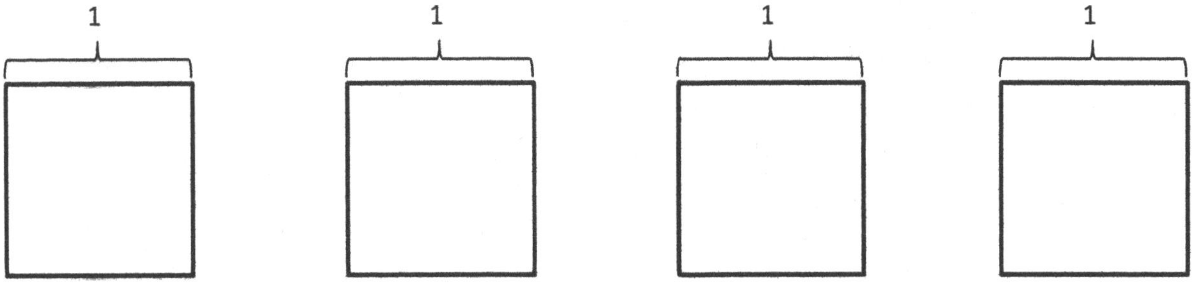

2. Utilisez la bande de papier pliée pour marquer les points 0 et 1 au-dessus de la droite numérique et $\frac{0}{4}$, $\frac{1}{4}$, $\frac{2}{4}$, $\frac{3}{4}$, et $\frac{4}{4}$ dessous. Suivez le même schéma que le problème 1 mais avec des quarts.

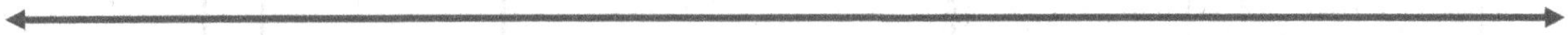

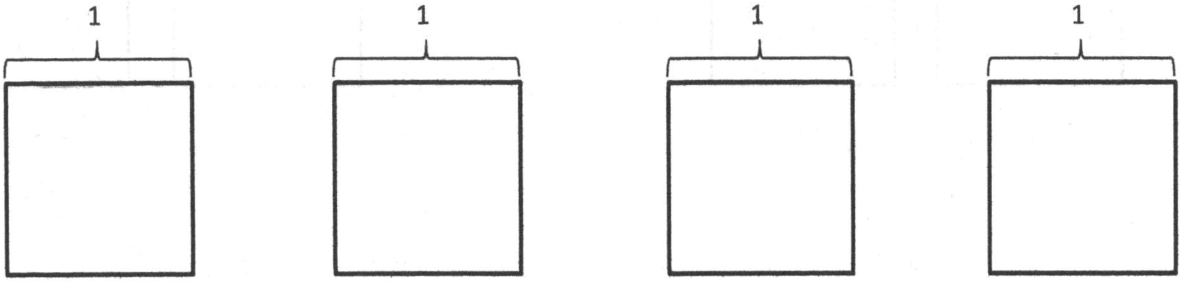

3. Continuez le motif avec 4 cinquièmes.

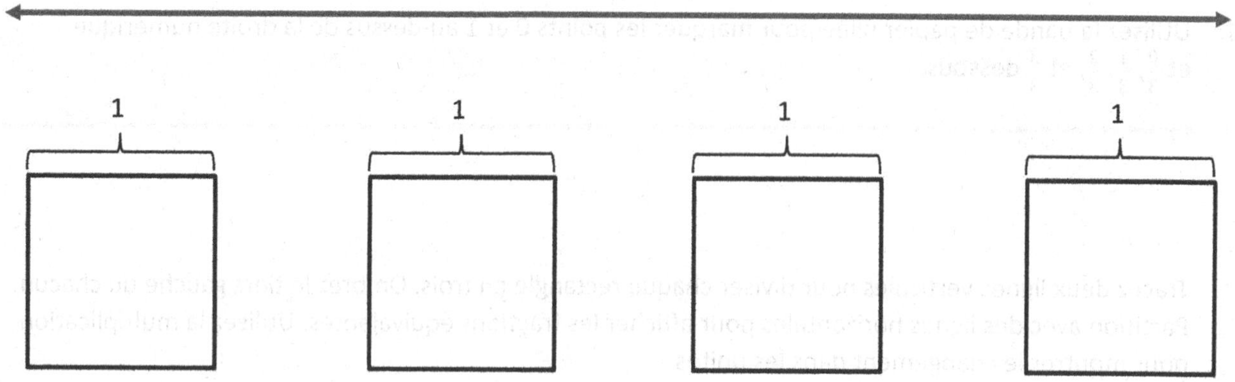

4. Continuez le processus et modélisez 2 fractions équivalentes pour 9 huitièmes. Estimer pour marquer les points sur la droite numérique.

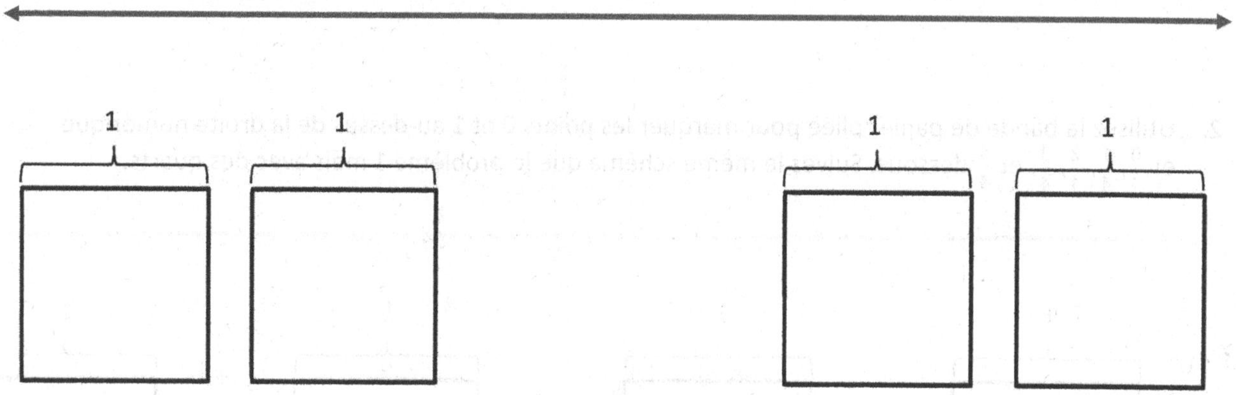

1. Montrez chaque expression sur une droite numérique. Résoudre.

   a. $\frac{1}{5}+\frac{1}{5}+\frac{2}{5}$

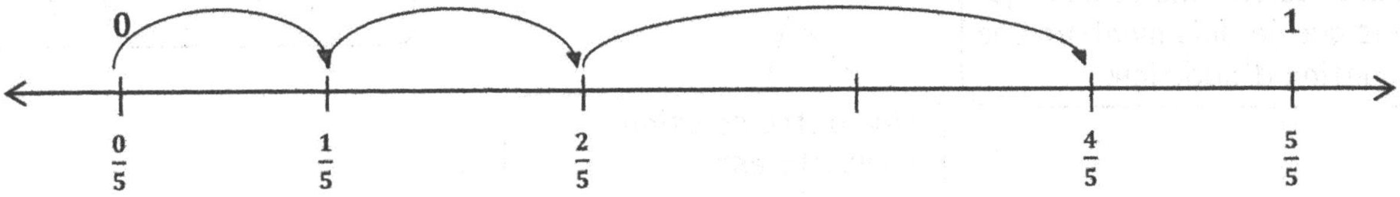

$$\frac{1}{5}+\frac{1}{5}+\frac{2}{5}=\frac{4}{5}$$

Je ne suis pas trop préoccupé par le fait que les sauts sur la droite numérique soient exactement proportionnels. La droite numérique est juste pour m'aider à visualiser et à calculer une solution.

   b. $2\times\frac{3}{4}+\frac{1}{4}$

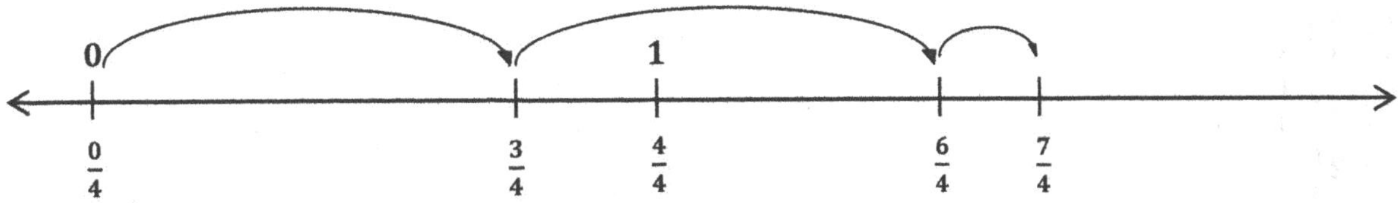

Je peux penser à ce problème sous forme unitaire : 2 fois 3 quarts plus 1 quart.

$$2\times\frac{3}{4}+\frac{1}{4}$$

$$=\frac{6}{4}+\frac{1}{4}=\frac{7}{4}$$

La réponse n'a pas à être simplifiée. Ecrire $\frac{7}{4}$ ou $1\frac{3}{4}$ est correct.

2. Express $\frac{6}{5}$ comme la somme de deux ou trois parties fractionnaires égales. Réécrivez-le comme une équation de multiplication, puis affichez-le sur une droite numérique.

Puisque les directions demandaient une somme, je sais que je dois montrer une équation d'addition.

$\frac{3}{5}+\frac{3}{5}=\frac{6}{5}$ $\quad 2\times\frac{3}{5}=\frac{6}{5}$

$2\times\frac{3}{5}$ équivaut à $\frac{3}{5}+\frac{3}{5}$.

Une autre solution correcte est $\frac{2}{5}+\frac{2}{5}+\frac{2}{5}=3\times\frac{2}{5}$.

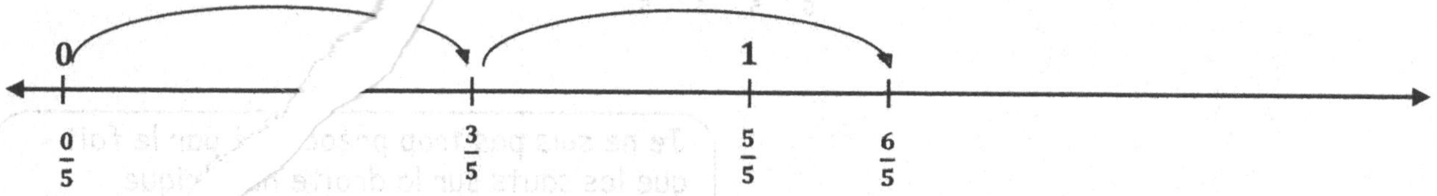

3. Express $\frac{7}{3}$ comme la somme d'un nombre entier et d'une fraction. Afficher sur une droite numérique.

$\frac{7}{3}=\frac{6}{3}+\frac{1}{3}$

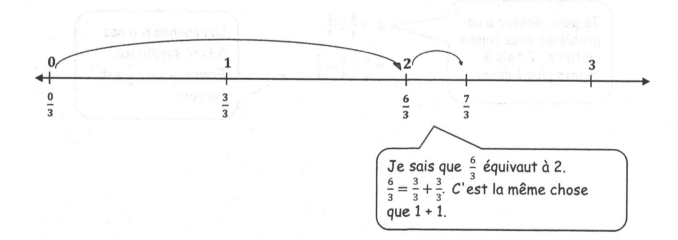

$=2+\frac{1}{3}$

$=2\frac{1}{3}$

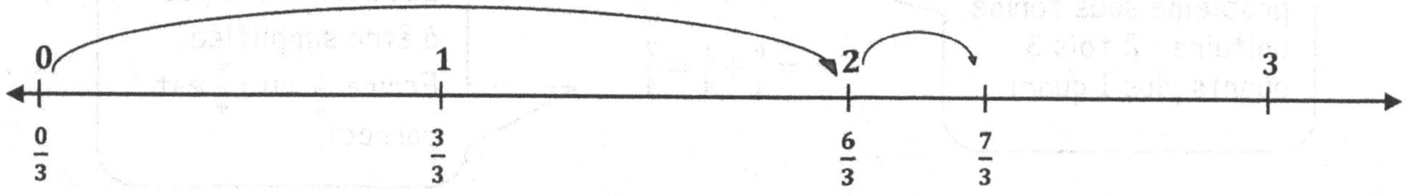

Je sais que $\frac{6}{3}$ équivaut à 2. $\frac{6}{3}=\frac{3}{3}+\frac{3}{3}$. C'est la même chose que 1 + 1.

Nom ______________________________ Date ______________

1. Montrez chaque expression sur une droite numérique. Résoudre.

a. $\frac{4}{9}+\frac{1}{9}$

b. $\frac{1}{4}+\frac{1}{4}+\frac{1}{4}+\frac{1}{4}$

c. $\frac{2}{7}+\frac{2}{7}+\frac{2}{7}$

d. $2\times\frac{3}{5}+\frac{1}{5}$

2. Exprimez chaque fraction comme la somme de deux ou trois parties fractionnaires égales. Réécrivez chacun comme une équation de multiplication. Montrez la partie (a) sur une droite numérique.

a. $\frac{6}{11}$

b. $\frac{9}{4}$

c. $\frac{12}{8}$

d. $\frac{27}{10}$

3. Exprimez chacun des éléments suivants comme la somme d'un nombre entier et d'une fraction. Afficher les parties (c) et (d) sur lignes numériques.

a. $\frac{9}{5}$

b. $\frac{7}{2}$

c. $\frac{25}{7}$

d. $\frac{21}{9}$

4. Natalie a scié cinq planches de même longueur pour faire un tabouret. Chacun mesurait 9 dixièmes de mètre de long. Quel est la longueur totale des planches qu'elle a sciées ? Exprimez votre réponse comme la somme d'un nombre entier et des unités fractionnaires restantes. Tracez une droite numérique pour représenter le problème.

Dessinez un modèle de fraction rectangulaire pour trouver la somme. Simplifiez votre réponse, si possible.

a. $\frac{1}{2}+\frac{1}{3}=\frac{5}{6}$

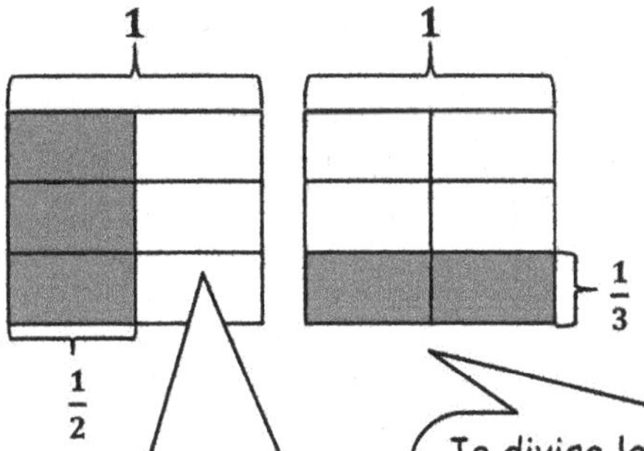

Tout d'abord, je fais 2 ensembles identiques. J'ombrage la moitié $\frac{1}{2}$ verticalement. Dans l'autre tout je peux montrer $\frac{1}{3}$ en dessinant 2 lignes horizontales.

J'ai besoin de faire des unités similaires pour ajouter. Je partitionne les moitiés en sixièmes en dessinant 2 lignes horizontales.

$\frac{1}{2}=\frac{3}{6}$

Je divise les tiers en sixièmes en traçant une ligne verticale. Dans les deux modèles, j'ai des unités similaires : des sixièmes.

$\frac{1}{3}=\frac{2}{6}$

$$\frac{1}{2}+\frac{1}{3}=\frac{3}{6}+\frac{2}{6}=\frac{5}{6}$$

b. $\frac{2}{7}+\frac{2}{3}=\frac{20}{21}$

Ces additifs sont des fractions non unitaires, car les deux ont des numérateurs supérieurs à un.

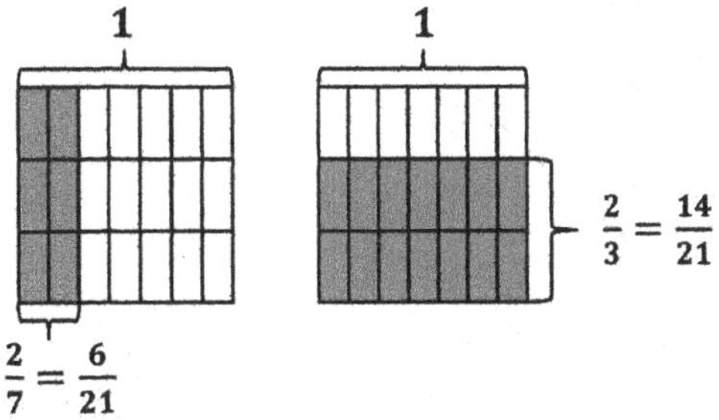

$$\frac{2}{7}+\frac{2}{3}=\frac{6}{21}+\frac{14}{21}=\frac{20}{21}$$

Nom ______________________________ Date ________________

1. Dessinez un modèle de fraction rectangulaire pour trouver la somme. Simplifiez votre réponse, si possible.

a. $\frac{1}{4} + \frac{1}{3} =$

b. $\frac{1}{4} + \frac{1}{5} =$

c. $\frac{1}{4} + \frac{1}{6} =$

d. $\frac{1}{5} + \frac{1}{9} =$

e. $\frac{1}{4} + \frac{2}{5} =$

f. $\frac{3}{5} + \frac{3}{7} =$

Résolvez les problèmes suivants. Dessinez une image et écrivez la phrase numérique qui prouve la réponse. Simplifiez votre réponse, si possible.

2. Rajesh a fait du jogging $\frac{3}{4}$ mile et ensuite marché $\frac{1}{6}$ mile pour se rafraîchir. Jusqu'où a-t-il voyagé ?

3. Cynthia terminé $\frac{2}{3}$ des choses sur sa liste de choses à faire le matin et terminé $\frac{1}{8}$ des objets pendant son heure du déjeuner. Quelle fraction de sa liste de choses à faire est terminée à la fin de sa pause déjeuner ? (Extension : quelle fraction de sa liste de tâches fait-elle encore à faire après le déjeuner?)

4. Sam a lu $\frac{2}{5}$ de son livre pendant le week-end et $\frac{1}{6}$ de celui-ci lundi. Quelle fraction du livre a-t-elle lis ? Quelle fraction du livre reste-t-il ?

Pour le problème suivant, dessinez une image en utilisant le modèle de fraction rectangulaire et écrivez la réponse. Si possible, écrivez votre réponse sous la forme d'un nombre mixte.

$\frac{1}{2}+\frac{3}{4}$

J'ai besoin de faire des unités similaires avant d'ajouter.

Mon modèle me montre que $\frac{3}{4}=\frac{6}{8}$.

En divisant 1 moitié en 4 parties égales, je peux voir que $\frac{1}{2}=\frac{4}{8}$.

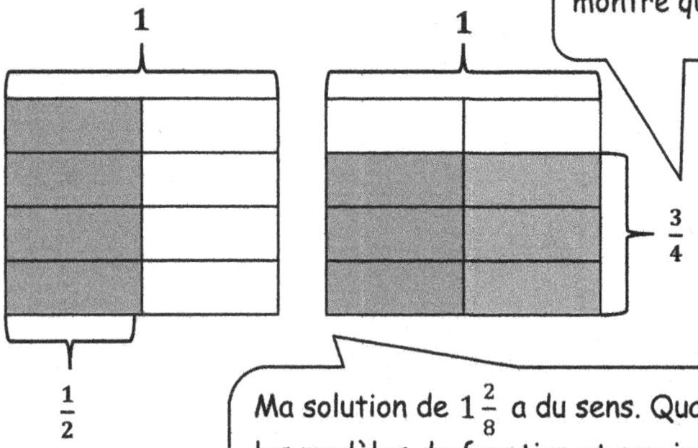

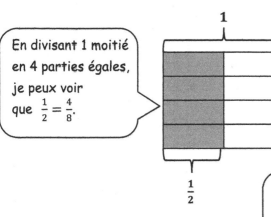

Ma solution de $1\frac{2}{8}$ a du sens. Quand je regarde les modèles de fraction et que je pense à les additionner, je peux voir qu'ils feraient 1 entier et 2 huitièmes lorsqu'ils sont combinés.

$$\frac{1}{2}+\frac{3}{4}=\frac{4}{8}+\frac{6}{8}=\frac{10}{8}=1\frac{2}{8}$$

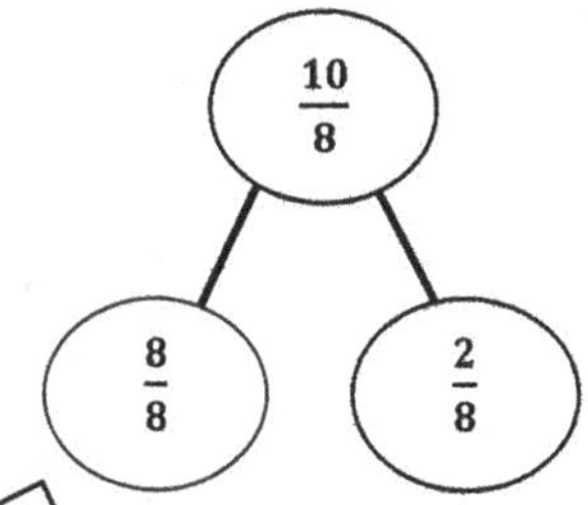

Je n'ai pas besoin d'exprimer ma solution sous la forme la plus simple, mais si je le souhaite, je pourrais montrer que $\frac{2}{8}=1\frac{1}{4}$.

Je peux utiliser une liaison numérique pour renommer $\frac{10}{8}$ en nombre mixte. Ce modèle entier en partie partielle montre que 10 huitièmes sont composés de 8 huitièmes et 2 huitièmes.

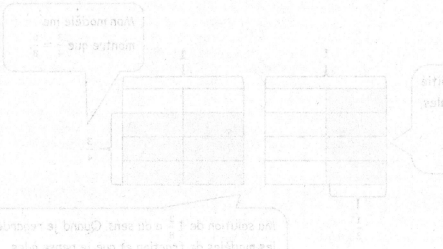

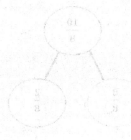

Nom ______________________________ Date ____________________

1. Pour les problèmes suivants, dessinez une image en utilisant le modèle de fraction rectangulaire et écrivez la réponse. Lorsque cela est possible, écrivez votre réponse sous la forme d'un nombre mixte.

a. $\frac{3}{4} + \frac{1}{3} =$

b. $\frac{3}{4} + \frac{2}{3} =$

c. $\frac{1}{3} + \frac{3}{5} =$

d. $\frac{5}{6} + \frac{1}{2} =$

e. $\frac{2}{3}+\frac{5}{6}=$

f. $\frac{4}{3}+\frac{4}{7}=$

Résolvez les problèmes suivants. Dessinez une image et écrivez la phrase numérique qui prouve la réponse. Simplifiez votre réponse, si possible.

2. Sam a fait $\frac{2}{3}$ litre de punch et $\frac{3}{4}$ litre de thé à emporter pour une fête. Combien de litres de boissons Sam a-t-il apporté à la fête ?

3. M. Sinofsky a utilisé $\frac{5}{8}$ d'un réservoir d'essence lors d'un voyage pour rendre visite à des parents pour le week-end et un autre 1 demi-réservoir se rendre au travail la semaine prochaine. Il a ensuite fait un autre week-end et a utilisé $\frac{1}{4}$ réservoir d'essence.

   Combien de réservoirs d'essence M. Sinofsky a-t-il utilisé en tout?

1. Trouver la différence. Utilisez un modèle de fraction rectangulaire pour trouver une unité commune. Simplifiez votre réponse, si possible.

$\frac{2}{3} - \frac{1}{4} = \frac{5}{12}$

Afin de soustraire les quarts des tiers, je dois trouver des unités similaires.

Je dessine 3 lignes horizontales pour partitionner mon modèle en quarts et en ombrer 1 pour afficher la fraction $\frac{1}{4}$.

Je dessine 2 lignes verticales pour partitionner mon modèle en tiers et en ombrer 2 pour montrer la fraction $\frac{2}{3}$.

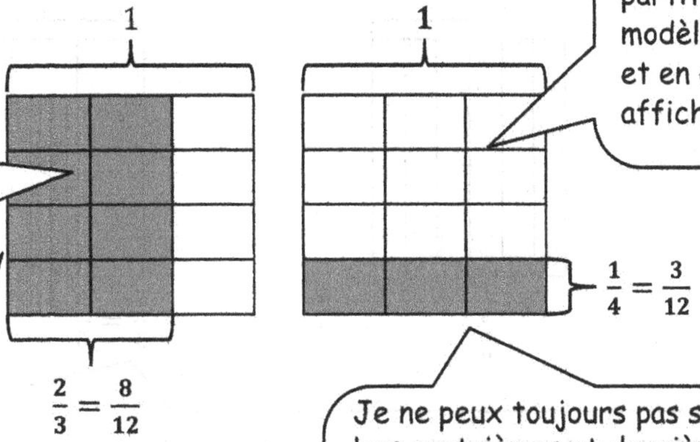

Afin de créer des unités similaires ou des dénominateurs communs, je trace 3 lignes horizontales pour partitionner le modèle en 12 parties égales. Maintenant, je peux voir ça $\frac{2}{3} = \frac{8}{12}$.

Je ne peux toujours pas soustraire. Les quatrièmes et douzièmes sont des unités différentes. Mais, je peux dessiner 2 lignes verticales pour partitionner le modèle en 12 parties égales. Maintenant, j'ai des unités égales et je peux voir que $\frac{1}{4} = \frac{3}{12}$.

$$\frac{2}{3} - \frac{1}{4} = \frac{8}{12} - \frac{3}{12} = \frac{5}{12}$$

Une fois que j'ai des unités similaires, la soustraction est simple. Je sais que 8 moins 3 est égal à 5, donc je peux penser à cela sous forme d'unité très simplement. 8 douzièmes - 3 douzièmes = 5 douzièmes

2. Besoin de Lisbeth $\frac{1}{3}$ d'une cuillère à soupe d'épices pour une recette de pâtisserie. Elle a $\frac{5}{6}$ d'une cuillère à soupe dans son garde-manger. Combien d'épices Lisbeth aura-t-elle après la cuisson ?

Je vais devoir soustraire $\frac{1}{3}$ de $\frac{5}{6}$ pour savoir combien il en reste.

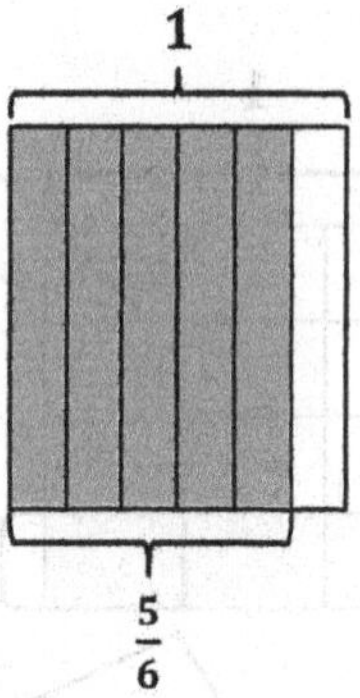

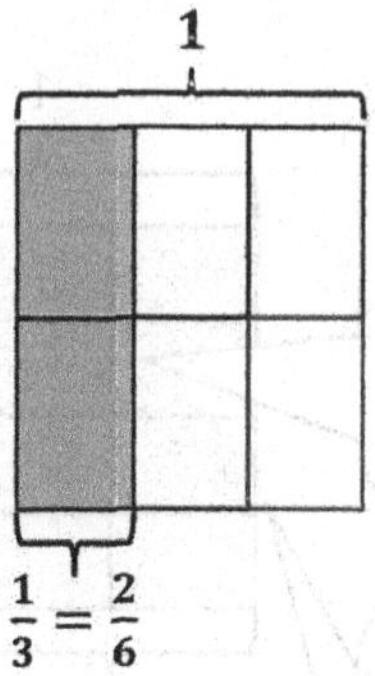

C'était intéressant! Après avoir dessiné le $\frac{5}{6}$ que Lisbeth a dans son garde-manger, j'ai réalisé que les tiers et les sixièmes sont des unités liées. Dans ce problème, je pourrais laisser $\frac{5}{6}$ tel quel et ne renommer que les tiers en sixième pour trouver une unité commune.

$$\frac{5}{6}-\frac{1}{3}=\frac{5}{6}-\frac{2}{6}=\frac{3}{6}$$

Lisbeth aura $\frac{3}{6}$ de cuillère à soupe d'épices après la cuisson.

Je pourrais aussi exprimer $\frac{3}{6}$ comme $\frac{1}{2}$ car ce sont des fractions équivalentes, mais je n'ai pas à le faire.

Afin de terminer le problème, doit faire une déclaration pour répondre à la question.

EUREKA MATH

Nom ______________________________ Date ____________________

1. L'image ci-dessous montre $\frac{3}{4}$ du rectangle ombré. Utilisez l'image pour montrer comment créer un équivalent fraction pour $\frac{3}{4}$, puis soustraire $\frac{1}{3}$.

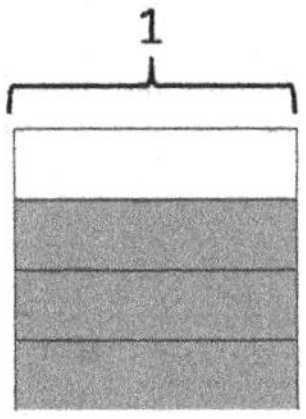

$\frac{3}{4} - \frac{1}{3} =$

2. Trouver la différence. Utilisez un modèle de fraction rectangulaire pour trouver des dénominateurs communs. Simplifiez votre réponse, si possible.

a. $\frac{5}{6} - \frac{1}{3} =$

b. $\frac{2}{3} - \frac{1}{2} =$

c. $\frac{5}{6} - \frac{1}{4} =$

d. $\frac{4}{5} - \frac{1}{2} =$

e. $\frac{2}{3} - \frac{2}{5} =$

f. $\frac{5}{7} - \frac{2}{3} =$

3. Robin a utilisé $\frac{1}{4}$ d'une livre de beurre pour faire un gâteau. Avant de commencer, elle avait $\frac{7}{8}$ d'une livre de beurre. Quelle quantité de beurre Robin avait-elle quand elle avait fini de cuisiner ? Donnez votre réponse en une fraction de livre.

4. Besoins de Katrina $\frac{3}{5}$ kilogramme de farine pour une recette. Sa mère a $\frac{3}{7}$ kilogramme de farine dans son garde-manger. Est-ce assez de farine pour la recette? Sinon, de combien de plus aura-t-elle besoin ?

Pour les problèmes suivants, dessinez une image en utilisant le modèle de fraction rectangulaire et écrivez la réponse. Simplifiez votre réponse, si possible.

a. $\frac{4}{3} - \frac{1}{2} = \frac{5}{6}$

Afin de soustraire les moitiés des tiers, je vais devoir trouver une unité commune. Je peux les renommer tous les deux en un nombre de sixièmes.

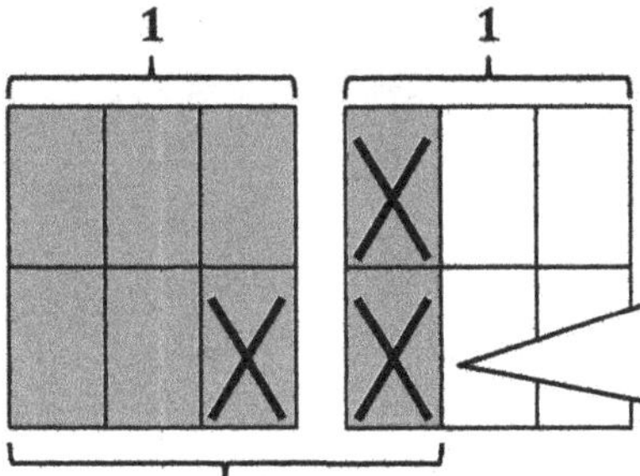

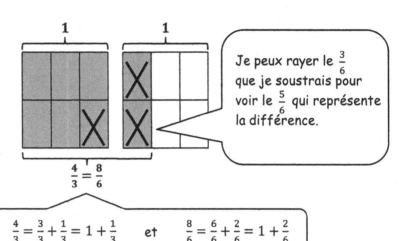

Je peux rayer le $\frac{3}{6}$ que je soustrais pour voir le $\frac{5}{6}$ qui représente la différence.

$\frac{4}{3} = \frac{8}{6}$

$\frac{4}{3} - \frac{1}{2} = \frac{8}{6} - \frac{3}{6} = \frac{5}{6}$

$\frac{4}{3} = \frac{3}{3} + \frac{1}{3} = 1 + \frac{1}{3}$ et $\frac{8}{6} = \frac{6}{6} + \frac{2}{6} = 1 + \frac{2}{6}$

b. $1\frac{2}{3} - \frac{3}{4} = \frac{11}{12}$

Afin de soustraire les quarts des tiers, je devrai trouver une unité commune. Je peux les renommer tous les deux en un nombre de douzièmes.

Cette fois, je soustrais $\frac{3}{4}$ (ou $\frac{9}{12}$) en une seule fois du 1 (ou du $\frac{12}{12}$).

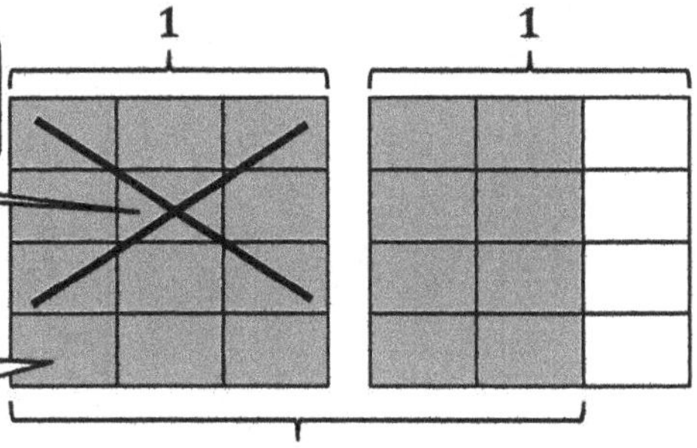

Ensuite, afin de trouver la différence, je peux ajouter ces $\frac{3}{12}$ au modèle $\frac{8}{12}$ en fraction à droite.

$1\frac{2}{3} = \frac{5}{3} = \frac{20}{12}$

Je peux utiliser le modèle de fraction et cette liaison numérique pour m'aider à voir que $1\frac{2}{3}$ est composé de $\frac{12}{12}$ et $\frac{8}{12}$.

$1\frac{2}{3}$

$\frac{12}{12}$ $\frac{8}{12}$

$1\frac{2}{3} - \frac{3}{4} = \frac{3}{12} + \frac{8}{12} = \frac{11}{12}$

Nom ____________________ Date ____________

1. Pour les problèmes suivants, dessinez une image en utilisant le modèle de fraction rectangulaire et écrivez la réponse. Simplifiez votre réponse, si possible.

a. $1 - \frac{5}{6} =$

b. $\frac{3}{2} - \frac{5}{6} =$

c. $\frac{4}{3} - \frac{5}{7} =$

d. $1\frac{1}{8} - \frac{3}{5} =$

e. $1\frac{2}{5} - \frac{3}{4} =$

f. $1\frac{5}{6} - \frac{7}{8} =$

g. $\frac{9}{7} - \frac{3}{4} =$

h. $1\frac{3}{12} - \frac{2}{3} =$

2. Sam avait $1\frac{1}{2}$ m de corde. Il a coupé $\frac{5}{8}$ m et l'a utilisé pour un projet. Combien de corde reste-t-il à Sam ?

3. Jackson avait $1\frac{3}{8}$ kg d'engrais. Il en a utilisé pour fertiliser un parterre de fleurs, et il n'avait $\frac{2}{3}$ kg la gauche. Quelle quantité d'engrais a été utilisée dans le parterre de fleurs?

RDW signifie **«Lire, dessiner, écrire»**. J'ai lu le problème plusieurs fois. Je dessine quelque chose à chaque fois que je lis. Je me souviens d'écrire la réponse à la question.

Résolvez les problèmes de mots en utilisant la stratégie RDW.

1. Rosie a une collection de bandes dessinées. Elle a donné $\frac{1}{2}$ d'entre eux à son frère. Rosie a donné $\frac{1}{6}$ d'entre eux à son amie, et elle a gardé le reste. Quelle part de la collection Rosie a-t-elle gardée pour elle-même ?

Si je soustrais $\frac{1}{2}$ et $\frac{1}{6}$ de 1, je peux trouver la part de la collection que Rosie a gardée pour elle-même.

Je peux dessiner un diagramme à bande pour modéliser ce problème.

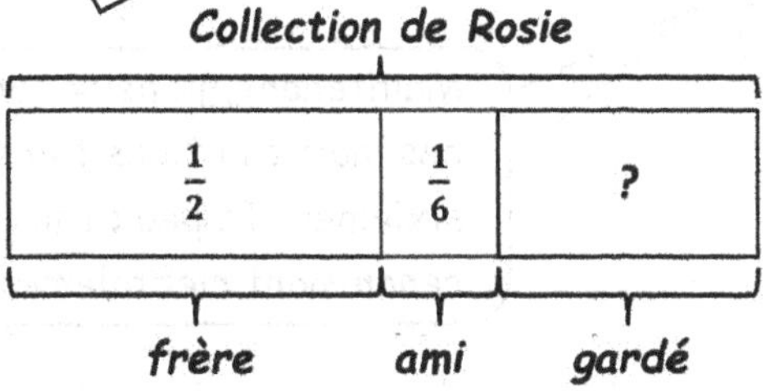

$$1 - \frac{1}{2} - \frac{1}{6}$$
$$= \frac{1}{2} - \frac{1}{6}$$
$$= \frac{3}{6} - \frac{1}{6}$$
$$= \frac{2}{6}$$

J'ai tellement fait cela que maintenant je peux renommer certaines fractions dans ma tête. Je sais que $\frac{1}{2} = \frac{1}{6}$.

Rosie a gardé $\frac{2}{6}$ ou $\frac{1}{3}$ de la collection pour elle-même.

Quand je pense à cela d'une autre manière, je sais que ma solution a du sens. Je peux penser que $\frac{1}{2}$ + $\frac{1}{6}$ + «combien de plus» est égal à 1?

$$\frac{1}{2} + \frac{1}{6} + ? = 1 \rightarrow \frac{3}{6} + \frac{1}{6} + \frac{2}{6} = \frac{6}{6} = 1$$

2. Ken a couru pour $\frac{1}{4}$ mile. Peggy a couru $\frac{1}{3}$ mile plus loin que Ken. Jusqu'où ont-ils couru au total ?

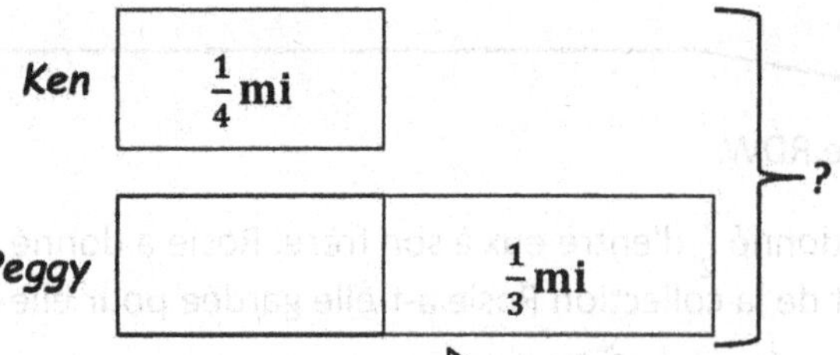

Pour trouver la distance qu'ils ont parcourue, j'ajouterai la distance de Ken ($\frac{1}{4}$ mile) à la distance de Peggy ($\frac{1}{4}$ mile + $\frac{1}{3}$ mile).

Mon diagramme à bande montre que Peggy a parcouru la même distance que Ken plus $\frac{1}{3}$ mile plus loin.

$\frac{1}{4}+\frac{1}{4}+\frac{1}{3}$

$=\frac{1}{2}+\frac{1}{3}$

$=\frac{3}{6}+\frac{2}{6}$

$=\frac{5}{6}$

Je pourrais renommer tout cela en un nombre de douzièmes, mais je sais que $\frac{1}{4}+\frac{1}{4}=\frac{2}{4}$, ce qui est égal à $\frac{1}{2}$.

Maintenant, je peux renommer ces moitiés et ces tiers en sixièmes. Je peux faire ça en renommant mentalement!

Ken et Peggy ont couru $\frac{5}{6}$ mile au total.

Nom ______________________________ Date ______________

Résolvez les problèmes de mots en utilisant la stratégie RDW. Montrez tout votre travail.

1. Christine a fait une tarte à la citrouille. Elle a mangé $\frac{1}{6}$ de la tarte. Son frère a mangé $\frac{1}{3}$ de lui et a donné les restes à son copains. Quelle fraction du gâteau a-t-il donné à ses amis ?

2. Liang est allé à la librairie. Il a dépensé $\frac{1}{3}$ de son argent sur un stylo et $\frac{4}{7}$ sur les livres. Quelle fraction de son argent lui restait-il ?

3. Tiffany a acheté $\frac{2}{5}$ kg de cerises. Linda a acheté $\frac{1}{10}$ kg de cerises moins que Tiffany. Combien de kilogrammes de cerises ont-ils acheté en tout ?

4. M. Rivas a acheté un pot de peinture. Il a utilisé $\frac{3}{8}$ de lui pour peindre une étagère. Il a utilisé $\frac{1}{4}$ de lui pour peindre un wagon. Il en a utilisé une partie pour peindre un nichoir et a $\frac{1}{8}$ de la peinture à gauche. Combien de peinture a-t-il utilisé pour le nichoir?

5. Le ruban A est $\frac{1}{3}$ m longue. C'est $\frac{2}{5}$ m plus court que le ruban B. Quelle est la longueur totale des deux rubans ?

1. Ajoute ou soustrais Tracez une droite numérique pour modéliser votre solution.

   a. $9\frac{1}{3} + 6 = \mathbf{15\frac{1}{3}}$

$9\frac{1}{3}$ équivaut à $9 + \frac{1}{3}$. Je peux ajouter les nombres entiers, 9 + 6 = 15, puis ajouter la fraction, $15 + \frac{1}{3} = 15\frac{1}{3}$.

Je peux modéliser cette addition en utilisant une droite numérique. Je vais commencer à 0 et ajouter 9.

J'ajoute 6 pour arriver à 15.

Ensuite, j'ajoute $\frac{1}{3}$ pour arriver à $15\frac{1}{3}$.

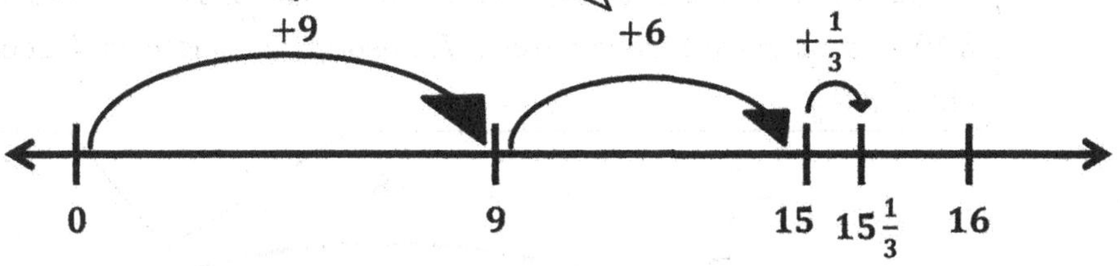

   b. $18 - 13\frac{3}{4} = \mathbf{4\frac{1}{4}}$

$13\ \frac{3}{4}$ équivaut à $13\ \frac{3}{4}$. Je peux d'abord soustraire les nombres entiers, 18 - 13 = 5. Ensuite, je peux soustraire la fraction, $5 - \frac{3}{4} = 4\ \frac{1}{2}$.

Je commence à 18 ans et je soustrais 13 pour obtenir 5. Ensuite, je soustrais $\frac{3}{4}$ pour obtenir $4\ \frac{1}{4}$.

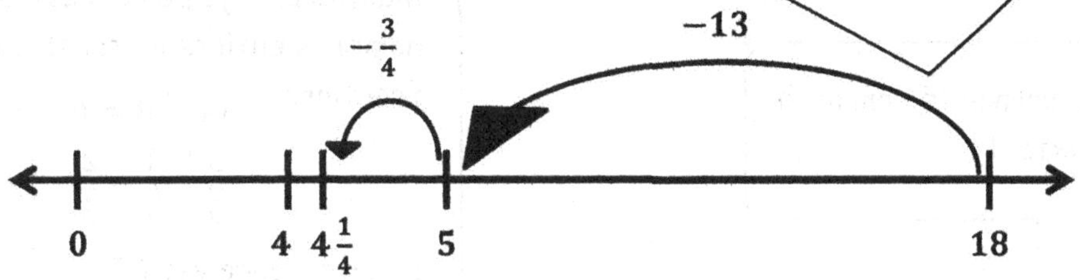

2. La longueur totale de deux chaînes est 15 mètres. Si une chaîne est $8\frac{3}{5}$ mètres de long, quelle est la longueur de l'autre corde?

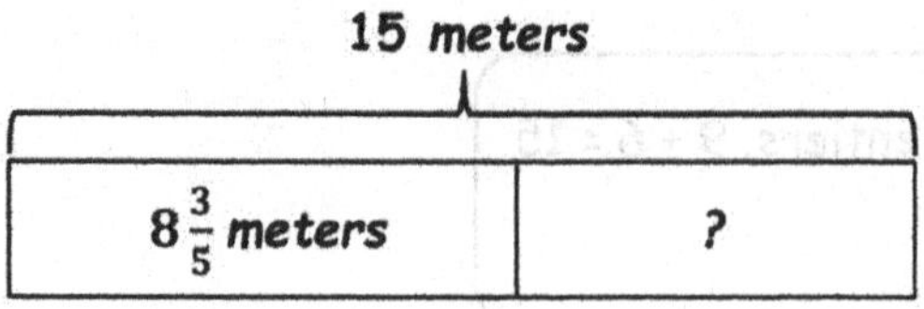

Je peux utiliser la soustraction, $15 - 8\frac{3}{5}$ pour trouver la longueur de l'autre chaîne.

Mon diagramme à bande modélise ce problème de mot. J'ai besoin de trouver la longueur de la partie manquante.

$15 - 8\frac{3}{5} = 6\frac{2}{5}$

Je peux tracer une droite numérique à résoudre. Je vais commencer à 15 et soustraire 8 pour obtenir 7. Ensuite, je soustrais $\frac{3}{5}$ pour obtenir $6\frac{2}{5}$.

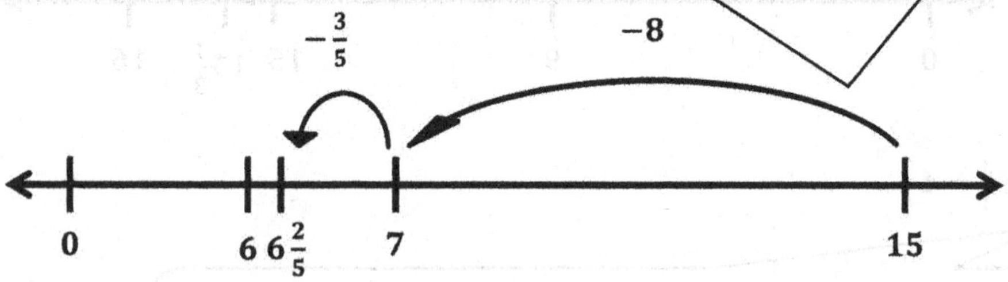

La longueur de l'autre corde est de $6\frac{2}{5}$ mètres.

Vous trouverez ci-dessous une méthode alternative pour résoudre ce problème.

Je peux exprimer 15 comme un nombre mixte, $14\frac{5}{5}$.

Maintenant, je peux soustraire les nombres entiers et soustraire les fractions.

$14 - 8 = 6$

$\frac{5}{5} - \frac{3}{5} = \frac{2}{5}$

La différence est $6\frac{2}{5}$.

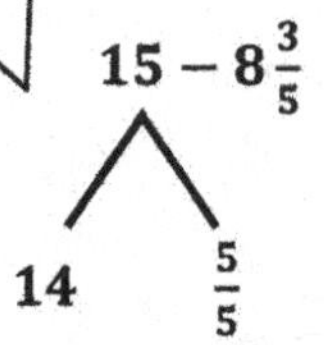

$14\frac{5}{5} - 8\frac{3}{5} = 6\frac{2}{5}$

Leçon 8 : Ajouter des fractions aux nombres entiers et soustraire des fractions
l'équivalence et la droite numérique comme stratégies.

EUREKA MATH

Nom ______________________________ Date ____________

1. Ajoute ou soustrais

a. $3 + 1\frac{1}{4} =$

b. $2 - 1\frac{5}{8} =$

c. $5\frac{2}{5} + 2\frac{3}{5} =$

d. $4 - 2\frac{5}{7} =$

e. $8\frac{4}{5} + 7 =$

f. $18 - 15\frac{3}{4} =$

g. $16 + 18\frac{5}{6} =$

h. $100 - 50\frac{3}{8} =$

2. La longueur totale de deux rubans est de 13 mètres. Si un ruban est $7\frac{5}{8}$ mètres de long, quelle est la longueur de l'autre ruban ?

3. Il a fallu deux heures à Sandy pour faire 13 milles de course. Elle a couru $7\frac{1}{2}$ miles dans la première heure. Jusqu'où a-t-elle couru pendant la deuxième heure ?

4. André dit que $5\frac{3}{4} + 2\frac{1}{4} = 7\frac{1}{2}$ car $7\frac{4}{8} = 7\frac{1}{2}$. Identifiez son erreur. Dessinez une image pour prouver qu'il a tort.

1. Commencez par créer des unités similaires, puis ajoutez-les.

Les dénominateurs ici sont les tiers et les cinquièmes. Je peux sauter le compte pour trouver une unité similaire.

3: 3, 6, 9, 12, **15**, 18, ...

5: 5, 10, **15**, 20, ...

15 est un multiple de 3 et 5, donc je peux faire comme des unités de quinzièmes.

Je peux multiplier le numérateur et le dénominateur par 5 pour renommer $\frac{1}{3}$ en nombre de quinzièmes.

$\frac{1 \times 5}{3 \times 5} = \frac{5}{15}$

$$\frac{1}{3} + \frac{2}{5} = \left(\frac{1 \times 5}{3 \times 5}\right) + \left(\frac{2 \times 3}{5 \times 3}\right)$$
$$= \frac{5}{15} + \frac{6}{15}$$
$$= \frac{11}{15}$$

Je peux multiplier le numérateur et le dénominateur par 3 pour renommer $\frac{2}{5}$ en nombre de quinzièmes.

$\frac{2 \times 3}{5 \times 3} = \frac{6}{15}$

5 quinzièmes + 6 quinzièmes = 11 quinzièmes

Les dénominateurs ici sont les sixième et huitième. Je peux sauter le compte pour trouver une unité similaire.

6: 6, 12, 18, **24**, 30, ...

8: 8, 16, **24**, 32, ...

24 est un multiple de 6 et 8, donc je peux faire des unités similaires de vingt-quarts.

Je peux multiplier le numérateur et le dénominateur par 4 pour renommer $\frac{5}{6}$ en nombre de vingt-quarts

$\frac{5 \times 4}{6 \times 4} = \frac{20}{24}$

b. $\frac{5}{6} + \frac{3}{8} = \left(\frac{5 \times 4}{6 \times 4}\right) + \left(\frac{3 \times 3}{8 \times 3}\right)$

$= \frac{20}{24} + \frac{9}{24}$

$= \frac{29}{24}$

$= \frac{24}{24} + \frac{5}{24}$

$= 1\frac{5}{24}$

Je peux multiplier le numérateur et le dénominateur par 3 pour renommer $\frac{3}{8}$ en un nombre de vingt-quarts.

$\frac{3 \times 3}{8 \times 3} = \frac{9}{24}$

$\frac{29}{24}$ est le même que $\frac{24}{24}$ plus $\frac{5}{24}$, ou $1\frac{5}{24}$.

L'unité similaire pour les neuvièmes et les moitiés est les dix-huitièmes.

c. $\frac{4}{9} + 1\frac{1}{2} = \left(\frac{4 \times 2}{9 \times 2}\right) + \left(\frac{1 \times 9}{2 \times 9}\right) + 1$

$= \frac{8}{18} + \frac{9}{18} + 1$

$= \frac{17}{18} + 1$

$= 1\frac{17}{18}$

Je peux ajouter le 1 après avoir ajouté les fractions.

$\frac{17}{18}$ plus 1 est le même que le nombre mixte $1\frac{17}{18}$.

2. Mardi, Karol a passé $\frac{3}{4}$ d'une heure sur la lecture des devoirs et $\frac{1}{3}$ d'une heure sur les devoirs de mathématiques. Combien de temps Karol a-t-elle passé à faire ses devoirs de lecture et de mathématiques mardi ?

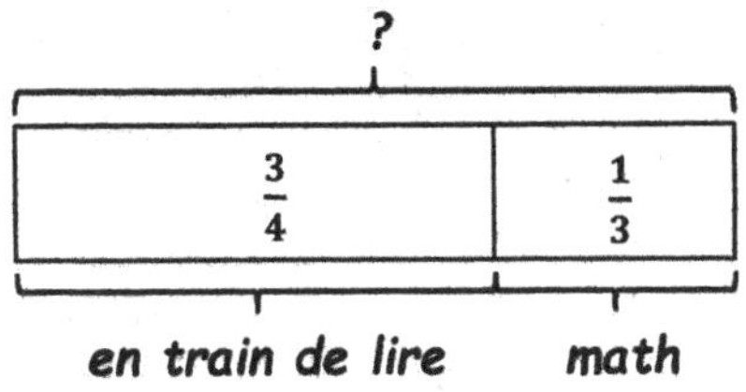

J'ajouterai le temps qu'elle a consacré à la lecture et aux maths pour trouver le temps total.

Je peux renommer les quarts et les tiers en douzièmes.

$\frac{3 \times 3}{4 \times 3} = \frac{9}{12}$ $\frac{1 \times 4}{3 \times 4} = \frac{4}{12}$

$$\frac{3}{4} + \frac{1}{3} = \left(\frac{3 \times 3}{4 \times 3}\right) + \left(\frac{1 \times 4}{3 \times 4}\right)$$
$$= \frac{9}{12} + \frac{4}{12}$$
$$= \frac{13}{12}$$
$$= 1\frac{1}{12}$$

9 douzièmes + 4 douzièmes = 13 douzièmes, soit $1\frac{1}{12}$.

Karol a passé $1\frac{1}{12}$ heures à faire ses devoirs de lecture et de mathématiques.

Nom ______________________________ Date ____________________

1. Créez des unités similaires, puis ajoutez-les.

a. $\frac{3}{5}+\frac{1}{3}=$

b. $\frac{3}{5}+\frac{1}{11}=$

c. $\frac{2}{9}+\frac{5}{6}=$

d. $\frac{2}{5}+\frac{1}{4}+\frac{1}{10}=$

e. $\frac{1}{3}+\frac{7}{5}=$

f. $\frac{5}{8}+\frac{7}{12}=$

g. $1\frac{1}{3}+\frac{3}{4}=$

h. $\frac{5}{6}+1\frac{1}{4}=$

2. Lundi, Ka a pratiqué la guitare pour $\frac{2}{3}$ d'une heure. Quand elle a terminé, elle a pratiqué le piano pendant $\frac{3}{4}$ d'une heure. Combien de temps Ka a-t-il passé à pratiquer les instruments lundi ?

EUREKA MATH

3. Mme How a acheté un sac de riz pour le dîner. Elle utilisait $\frac{3}{5}$ kg du riz et avait encore $2\frac{1}{4}$ kg la gauche. Comme c'est lourd était le sac de riz que Mme How a acheté?

4. Joe passe $\frac{2}{5}$ de son argent sur une veste et $\frac{3}{8}$ de son argent sur une chemise. Il passe le reste sur une paire de pantalons. Quelle fraction de son argent utilise-t-il pour acheter le pantalon?

Je vais d'abord ajouter les nombres entiers et ensuite ajouter les fractions. 4+2 = 6

1. Additionner.

a. $4\frac{2}{5} + 2\frac{1}{3} = 6 + \frac{2}{5} + \frac{1}{3}$

$= 6 + \left(\frac{2 \times 3}{5 \times 3}\right) + \left(\frac{1 \times 5}{3 \times 5}\right)$

J'ai besoin de faire des unités similaires avant d'ajouter.

$= 6 + \frac{6}{15} + \frac{5}{15}$

$= 6 + \frac{11}{15}$

$= 6\frac{11}{15}$

Je peux renommer ces fractions en un nombre de quinzièmes. $\frac{2}{5} = \frac{6}{15}$ et $\frac{1}{3} = \frac{5}{15}$.

La somme est de $6\frac{11}{15}$.

Je vais additionner les nombres entiers. 5 + 10 = 15.

b. $5\frac{2}{7} + 10\frac{3}{4} = 15 + \frac{2}{7} + \frac{3}{4}$

$= 15 + \left(\frac{2 \times 4}{7 \times 4}\right) + \left(\frac{3 \times 7}{4 \times 7}\right)$

Quand je regarde $\frac{2}{7}$ et $\frac{3}{4}$, je décide d'utiliser 28 comme unité commune, qui sera le nouveau dénominateur.

$\frac{2}{7} = \frac{8}{28}$

$\frac{3}{4} = \frac{21}{28}$

$= 15 + \frac{8}{28} + \frac{21}{28}$

$= 15 + \frac{29}{28}$

$= 15 + \frac{28}{28} + \frac{1}{28}$

$= 16\frac{1}{28}$

Je sais $\frac{29}{28}$ que c'est plus de 1. Alors, je $\frac{29}{28}$ vais réécrire $\frac{28}{28} + \frac{1}{28}$.

La somme est de $16\frac{1}{28}$.

2. Jillian a acheté du ruban. Elle utilisait $3\frac{3}{4}$ mètres pour un projet artistique et avait $5\frac{1}{10}$ mètres à gauche. Quel était la longueur originale du ruban ?

Je peux ajouter pour trouver la longueur d'origine du ruban.

Je dessine un diagramme en ruban et j'étiquette le ruban usagé à $3\frac{3}{4}$ mètres et le ruban restant à $5\frac{1}{10}$. mètres.

J'étiquette tout le ruban avec un point d'interrogation parce que c'est ce que j'essaie de trouver.

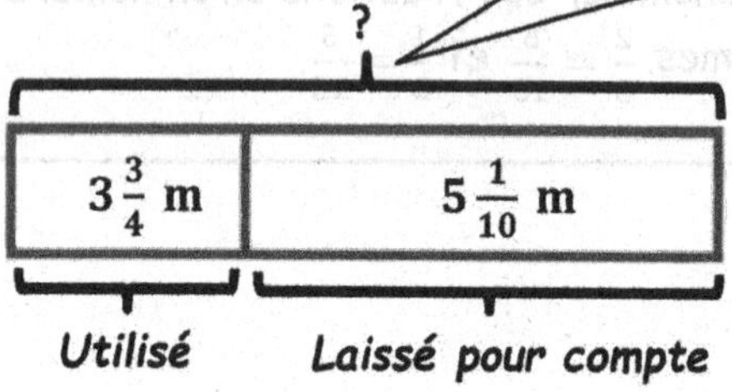

J'ajouterai 3 plus 5 pour obtenir 8.

Je dois renommer les quarts et les dixièmes en tant qu'unité commune avant d'ajouter. Quand je ne compte pas, je sais que 20 est un multiple de 4 et 10.

$$3\frac{3}{4} + 5\frac{1}{10} = 8 + \frac{3}{4} + \frac{1}{10}$$

$$= 8 + \left(\frac{3 \times 5}{4 \times 5}\right) + \left(\frac{1 \times 2}{10 \times 2}\right)$$

$$= 8 + \frac{15}{20} + \frac{2}{20}$$

$$= 8\frac{17}{20}$$

$\frac{3}{4} = \frac{15}{20}$, et $\frac{1}{10} = \frac{2}{20}$.

La longueur originale du ruban était $8\frac{17}{20}$ mètres.

EUREKA MATH

Nom ______________________________ Date ______________

1. Additionner.

a. $2\frac{1}{2} + 1\frac{1}{5} =$

b. $2\frac{1}{2} + 1\frac{3}{5} =$

c. $1\frac{1}{5} + 3\frac{1}{3} =$

d. $3\frac{2}{3} + 1\frac{3}{5} =$

e. $2\frac{1}{3} + 4\frac{4}{7} =$

f. $3\frac{5}{7} + 4\frac{2}{3} =$

g. $15\frac{1}{5} + 4\frac{3}{8} =$

h. $18\frac{3}{8} + 2\frac{2}{5} =$

2. Angela a pratiqué le piano pour $2\frac{1}{2}$ heures le vendredi, $2\frac{1}{3}$ heures le samedi, et $3\frac{2}{3}$ heures le dimanche. Combien de temps Angela a-t-elle pratiqué le piano pendant le week-end?

3. La chaîne A est $3\frac{5}{6}$ mètres de long. La chaîne B est $2\frac{1}{4}$ mètres de long. Quelle est la longueur totale des deux chaînes?

4. Matt dit que $5 - 1\frac{1}{4}$ sera supérieur à 4, puisque 5 - 1 vaut 4. Dessinez une image pour prouver que Matt a tort.

1. Générez des fractions équivalentes pour obtenir des unités similaires, puis soustrayez.

a. $\frac{3}{4} - \frac{1}{3}$

$= \frac{9}{12} - \frac{4}{12}$

$= \frac{5}{12}$

Je peux renommer les quarts et les tiers en douzièmes afin de soustraire. $\frac{3}{4} = \frac{9}{12}$ et $\frac{1}{3} = \frac{4}{12}$.

9 douzièmes - 4 douzièmes = 5 douzièmes

b. $3\frac{4}{5} - 2\frac{1}{2}$

Je peux renommer les moitiés et les cinquièmes en dixièmes à soustraire. Je peux résoudre ce problème de plusieurs manières différentes.

Méthode 1:

Je peux réécrire les nombres mixtes avec un dénominateur commun de 10.
$3\frac{4}{5} = 3\frac{8}{10}$, et $2\frac{1}{2} = 2\frac{5}{10}$.

$3\frac{4}{5} - 2\frac{1}{2}$

$= 3\frac{8}{10} - 2\frac{5}{10}$

$= 1\frac{3}{10}$

Maintenant, je peux soustraire les nombres entiers, puis les fractions.
$3 - 2 = 1$, et $\frac{8}{10} - \frac{5}{10} = \frac{3}{10}$.

La réponse est $1 + \frac{3}{10}$, ou $1\frac{3}{10}$.

Méthode 2:

Je peux d'abord soustraire les nombres entiers. 3 - 2 = 1

$3\frac{4}{5} - 2\frac{1}{2}$

$= 1\frac{4}{5} - \frac{1}{2}$

$= 1\frac{8}{10} - \frac{5}{10}$

$= 1\frac{3}{10}$

Ensuite, je peux renommer les fractions en utilisant un dénominateur commun de 10.
$1\frac{4}{5} = 1\frac{8}{10}$, et $\frac{1}{2} = \frac{5}{10}$.

Je peux soustraire les fractions.
$\frac{8}{10} - \frac{5}{10} = \frac{3}{10}$

La différence est de $1\frac{3}{10}$.

Méthode 3:

Je peux aussi décomposer $3\frac{4}{5}$ en deux parties en utilisant une liaison numérique.

$3\frac{4}{5} - 2\frac{1}{2}$

3 $\frac{4}{5}$

Maintenant, je peux facilement soustraire $2\frac{1}{2}$ de 3.

$3 - 2\frac{1}{2} = \frac{1}{2}$

Après avoir soustrait $2\frac{1}{2}$, je peux ajouter les fractions restantes, $\frac{1}{2}$ et $\frac{4}{5}$.

$= \frac{1}{2} + \frac{4}{5}$

$= \frac{5}{10} + \frac{8}{10}$

Je peux renommer ces fractions en dixièmes afin de les ajouter.

$\frac{1}{2} = \frac{5}{10}$, et $\frac{4}{5} = \frac{8}{10}$.

$= \frac{13}{10}$

$= 1\frac{3}{10}$

La somme de 5 dixièmes et 8 dixièmes est de 13 dixièmes. $\frac{13}{10} = \frac{10}{10} + \frac{3}{10} = 1\frac{3}{10}$

Méthode 4 :

$3\frac{4}{5} - 2\frac{1}{2}$

Je pourrais également renommer les nombres mixtes en fractions supérieures à un.

$3\frac{4}{5} = \frac{15}{5} + \frac{4}{5} = \frac{19}{5}$, et

$2\frac{1}{2} = \frac{4}{2} + \frac{1}{2} = \frac{5}{2}$.

$= \frac{19}{5} - \frac{5}{2}$

$= \frac{38}{10} - \frac{25}{10}$

Ensuite, je peux renommer les fractions supérieures à un avec le dénominateur commun de 10.

$\frac{19}{5} = \frac{38}{10}$, et $\frac{5}{2} = \frac{25}{10}$.

$= \frac{13}{10}$

$= 1\frac{3}{10}$

38 dixièmes moins 25 dixièmes font 13 dixièmes.

$\frac{13}{10} = \frac{10}{10} + \frac{3}{10} = 1\frac{3}{10}$.

Nom ______________________________ Date ______________

1. Générez des fractions équivalentes pour obtenir des unités similaires. Ensuite, soustrayez.

a. $\frac{1}{2} - \frac{1}{5} =$

b. $\frac{7}{8} - \frac{1}{3} =$

c. $\frac{7}{10} - \frac{3}{5} =$

d. $1\frac{5}{6} - \frac{2}{3} =$

e. $2\frac{1}{4} - 1\frac{1}{5} =$

f. $5\frac{6}{7} - 3\frac{2}{3} =$

g. $15\frac{7}{8} - 5\frac{3}{4} =$

h. $15\frac{5}{8} - 3\frac{1}{3} =$

2. Sandy a mangé $\frac{1}{6}$ d'une barre chocolatée. John a mangé $\frac{3}{4}$ de celui-ci. Combien de barres chocolatées John a-t-il mangées de plus que Sandy ?

3. $4\frac{1}{2}$ mètres de tissu sont nécessaires pour faire une robe de femme. $2\frac{2}{7}$ mètres de tissu sont nécessaires pour faire une robe de fille. Combien faut-il de tissu de plus pour fabriquer une robe de femme qu'une robe de fille ?

4. Bill lit $\frac{1}{5}$ d'un livre le lundi. Il lit $\frac{2}{3}$ du livre mardi. S'il finit de lire le livre sur Mercredi, quelle fraction du livre a-t-il lu mercredi ?

5. Le réservoir A a une capacité de 9.5 gallons. $6\frac{1}{3}$ des gallons d'eau du réservoir sont déversés. Combien de gallons de il reste de l'eau dans le réservoir ?

1. Soustrais. — Je peux soustraire ces nombres mixtes en utilisant une variété de stratégies.

a. $3\frac{1}{4} - 2\frac{1}{3}$ — Je peux renommer ces fractions en douzièmes pour les soustraire.

Méthode 1:

$3\frac{1}{4} - 2\frac{1}{3}$

$= 1\frac{1}{4} - \frac{1}{3}$ — Je peux soustraire les nombres entiers. 3 - 2 = 1

$= 1\frac{3}{12} - \frac{4}{12}$ — Je peux renommer les fractions avec une unité commune de 12. $1\frac{1}{4} = 1\frac{3}{12}$, et $\frac{1}{3} = \frac{4}{12}$.

$= \frac{15}{12} - \frac{4}{12}$ — Je ne peux pas soustraire la fraction $\frac{4}{12}$ de $\frac{3}{12}$, donc je peux renommer $1\frac{3}{12}$ comme une fraction supérieure à un, $\frac{15}{12}$.

$= \frac{11}{12}$ — 15 douzièmes - 4 douzièmes = 11 douzièmes

---

Méthode 2:

$3\frac{1}{4} - 2\frac{1}{3}$ — Ou, je pourrais décomposer $3\frac{1}{4}$ en deux parties avec une liaison numérique.

3 et $\frac{1}{4}$ — Maintenant, je peux facilement soustraire $2\frac{1}{3}$ de 3. $3 - 2\frac{1}{3} = \frac{2}{3}$

$= \frac{2}{3} + \frac{1}{4}$ — Après avoir soustrait $2\frac{1}{3}$, je peux ajouter les fractions restantes, $\frac{2}{3}$ et $\frac{1}{4}$.

$= \frac{8}{12} + \frac{3}{12}$ — Je peux renommer ces fractions en douzièmes afin de les ajouter. $\frac{2}{3} = \frac{8}{12}$, et $\frac{1}{4} = \frac{3}{12}$.

$= \frac{11}{12}$ — La somme de 8 douzièmes et 3 douzièmes est de 11 douzièmes.

Ou, je pourrais renommer les deux nombres mixtes comme des fractions supérieures à un.
$3\frac{1}{4} = \frac{13}{4}$, et $2\frac{1}{3} = \frac{7}{3}$.

Méthode 3:

$3\frac{1}{4} - 2\frac{1}{3}$

$= \frac{13}{4} - \frac{7}{3}$

Et, je peux renommer les fractions supérieures à un en utilisant les douzièmes d'unité commune.
$\frac{13}{4} = \frac{39}{12}$, et $\frac{7}{3} = \frac{28}{12}$.

$= \frac{39}{12} - \frac{28}{12}$

$= \frac{11}{12}$

39 douzièmes moins 28 douzièmes est égal à 11 douzièmes.

b. $19\frac{1}{3} - 4\frac{6}{7}$

Méthode 1:

$19\frac{1}{3} - 4\frac{6}{7}$

Je peux soustraire les nombres entiers, 19 - 4 = 15

$= 15\frac{1}{3} - \frac{6}{7}$

J'ai besoin de faire une unité commune avant de soustraire. Je peux renommer ces fractions en utilisant un dénominateur de 21.

$= 15\frac{7}{21} - \frac{18}{21}$

Je ne peux pas soustraire $\frac{18}{21}$ de $\frac{7}{21}$, alors je renomme $15\frac{7}{21}$ comme $14\frac{28}{21}$.

$15\frac{7}{21} = 14 + 1 + \frac{7}{21}$

$= 14 + \frac{21}{21} + \frac{7}{21}$

$= 14 + \frac{28}{21}$

$= 14\frac{28}{21}$

$= 14\frac{28}{21} - \frac{18}{21}$

$= 14\frac{10}{21}$

Méthode 2 :

Je veux soustraire $4\frac{6}{7}$ de 5, donc je peux décomposer $19\frac{1}{3}$ en deux parties avec cette liaison numérique.

$5 - 4\frac{6}{7} = \frac{1}{7}$

Maintenant, j'ai besoin de combiner $\frac{1}{7}$ Avec le reste, $14\frac{1}{3}$.

$19\frac{1}{3} - 4\frac{6}{7} = \frac{1}{7} + 14\frac{1}{3}$

$14\frac{1}{3}$ 5

Afin d'ajouter, je renommerai ces fractions en utilisant un dénominateur commun de 21.

$= \frac{3}{21} + 14\frac{7}{21}$

$= 14\frac{10}{21}$

EUREKA MATH

Nom ______________________________ Date ____________

1. Soustrais.

a. $3\frac{1}{4} - 2\frac{1}{3} =$

b. $3\frac{2}{3} - 2\frac{3}{4} =$

c. $6\frac{1}{5} - 4\frac{1}{4} =$

d. $6\frac{3}{5} - 4\frac{3}{4} =$

e. $5\frac{2}{7} - 4\frac{1}{3} =$

f. $8\frac{2}{3} - 3\frac{5}{7} =$

g. $18\frac{3}{4} - 5\frac{7}{8} =$

h. $17\frac{1}{5} - 2\frac{5}{8} =$

2. Tony a écrit ce qui suit:

$$7\frac{1}{4} - 3\frac{3}{4} = 4\frac{1}{4} - \frac{3}{4}.$$

La déclaration de Tony est-elle correcte? Trace une ligne numérique pour appuyer ta réponse.

3. Mme Sanger mélangé $8\frac{3}{4}$ gallons de thé glacé avec de la limonade pour un pique-nique. S'il y avait $13\frac{2}{5}$ gallons de la boisson, combien de gallons de limonade a-t-elle utilisé?

4. Un charpentier a $10\frac{1}{2}$ pieds de planche de bois. Il coupe $4\frac{1}{4}$ pieds pour remplacer la latte d'un pont et $3\frac{2}{3}$ pieds à réparer une rampe. Il utilise le reste de la planche pour fixer un escalier. Combien de pieds de bois le charpentier utilise-t-il pour réparer l'escalier?

1. Les expressions suivantes sont-elles supérieures ou inférieures à 1 ? Entoure la bonne réponse.

   a. $\frac{1}{2}+\frac{3}{5}$ (supérieur à 1) Moins que 1

   Je sais que $\frac{1}{2}$ plus $\frac{1}{2}$ est exactement 1. Je sais aussi que $\frac{3}{5}$ est supérieur à $\frac{1}{2}$. Par conséquent, $\frac{1}{2}$ plus un nombre supérieur à $\frac{1}{2}$ doit être supérieur à 1.

   b. $3\frac{1}{4}-2\frac{2}{3}$ supérieur à 1 (Moins que 1)

   Je sais que 3 - 2 = 1, donc cette expression est la même que $1\frac{1}{4}-\frac{2}{3}$. Je sais aussi que $\frac{2}{3}$ est supérieur à $\frac{1}{4}$. Par conséquent, si je devais soustraire $\frac{2}{3}$ de $1\frac{1}{4}$, la différence serait inférieure à 1.

2. Les expressions suivantes sont-elles supérieures ou inférieures à $\frac{1}{2}$? Entourez la bonne réponse.

   $\frac{1}{3}+\frac{1}{4}$ (plus grand que $\frac{1}{2}$) plus petit que $\frac{1}{2}$

   Je sais que $\frac{1}{4}$ plus $\frac{1}{4}$ est exactement $\frac{1}{2}$. Je sais aussi que $\frac{1}{3}$ est supérieur à $\frac{1}{4}$. Par conséquent, $\frac{1}{4}$ I plus un nombre supérieur à $\frac{1}{4}$ doit être supérieur à $\frac{1}{2}$.

3. Utilisation >, <, ou = pour rendre la déclaration suivante vraie.

   $6\frac{3}{4}$ __>__ $2\frac{4}{5}+3\frac{1}{3}$

   Je sais que 3 plus $3\frac{1}{3}$ est égal à $6\frac{1}{3}$, ce qui est inférieur à $6\frac{3}{4}$. Par conséquent, un nombre inférieur à 3 plus $3\frac{1}{3}$ sera finalement inférieur à $6\frac{3}{4}$.

Nom ______________________________ Date ______________

1. Les expressions suivantes sont-elles supérieures ou inférieures à 1? Entoure la réponse correcte.

   a. $\frac{1}{2}+\frac{4}{9}$ supérieur à 1 Moins que 1

   b. $\frac{5}{8}+\frac{3}{5}$ supérieur à 1 Moins que 1

   c. $1\frac{1}{5}-\frac{1}{3}$ supérieur à 1 Moins que 1

   d. $4\frac{3}{5}-3\frac{3}{4}$ supérieur à 1 Moins que 1

2. Les expressions suivantes sont-elles supérieures ou inférieures à $\frac{1}{2}$? Entourez la bonne réponse.

   a. $\frac{1}{5}+\frac{1}{4}$ plus grand que $\frac{1}{2}$ plus petit que $\frac{1}{2}$

   b. $\frac{6}{7}-\frac{1}{6}$ plus grand que $\frac{1}{2}$ plus petit que $\frac{1}{2}$

   c. $1\frac{1}{7}-\frac{5}{6}$ plus grand que $\frac{1}{2}$ plus petit que $\frac{1}{2}$

   d. $\frac{4}{7}+\frac{1}{8}$ plus grand que $\frac{1}{2}$ plus petit que $\frac{1}{2}$

3. Utilisez> , < , ou = pour que les affirmations suivantes soient vraies.

   a. $5\frac{4}{5}+2\frac{2}{3}$ ______ $8\frac{3}{4}$

   b. $3\frac{4}{7}-2\frac{3}{5}$ ______ $1\frac{4}{7}+\frac{3}{5}$

   c. $4\frac{1}{2}+1\frac{4}{9}$ ______ $5+\frac{13}{18}$

   d. $10\frac{3}{8}-7\frac{3}{5}$ ______ $3\frac{3}{8}+\frac{3}{5}$

4. Est-il vrai que $5\frac{2}{3} - 3\frac{3}{4} = 1 + \frac{2}{3} + \frac{3}{4}$? Prouvez votre réponse.

5. Une branche d'arbre se bloque $5\frac{1}{4}$ pieds d'un fil téléphonique. La ville coupe la branche *avant* ça pousse à l'intérieur $2\frac{1}{2}$ pieds du fil. La ville permettra-t-elle à l'arbre de pousser $2\frac{3}{4}$ plus de pieds ?

6. M. Kreider veut peindre deux portes et plusieurs volets. Ça prend $2\frac{1}{8}$ gallons de peinture pour recouvrir chaque porte et $1\frac{3}{5}$ gallons de peinture pour recouvrir tous ses volets. Si M. Kreider achète trois pots de peinture de 2 gallons, est-ce qu'il vous en avez assez pour terminer le travail ?

1. Réorganisez les termes de manière à pouvoir ajouter ou soustraire mentalement, puis résoudre.

   a. $2\frac{1}{3} - \frac{3}{5} + \frac{2}{3} = \left(2\frac{1}{3} + \frac{2}{3}\right) - \frac{3}{5}$

   $= 3 - \frac{3}{5}$

   $= 2\frac{2}{5}$

   La propriété associative me permet de réorganiser ces termes afin que je puisse d'abord ajouter les unités similaires.

   Wahouh ! C'est en fait un problème vraiment fondamental maintenant!

   b. $8\frac{3}{4} - 2\frac{2}{5} - 1\frac{1}{5} - \frac{3}{4} = \left(8\frac{3}{4} - \frac{3}{4}\right) - \left(2\frac{2}{5} + 1\frac{1}{5}\right)$

   $= 8 - 3\frac{3}{5}$

   $= 5 - \frac{3}{5}$

   $= 4\frac{2}{5}$

   Cette expression a des quarts et des cinquièmes. Je peux utiliser la propriété associative pour réorganiser les unités similaires ensemble.

   Soustraire $2\frac{2}{5}$ puis soustraire $1\frac{1}{5}$ équivaut à soustraire $3\frac{3}{5}$ en une seule fois.

2. Remplissez le vide pour que l'énoncé soit vrai.

   Pour ajouter des quarts et des tiers, j'ai besoin d'une unité commune. Je peux renommer les deux fractions en douzièmes.

   a. $3\frac{1}{4} + 2\frac{2}{3} + \underline{3\frac{1}{12}} = 9$

   $3\frac{3}{12} + 2\frac{8}{12} + \_\_\_\_ = 9$

   $5\frac{11}{12} + \_\_\_\_ = 9$

   $5\frac{11}{12} + 3\frac{1}{12} = 9$

   Je pourrais résoudre cela en soustrayant $5\frac{11}{12}$ de 9, mais je vais plutôt compter sur $5\frac{11}{12}$.

   $5\frac{11}{12}$ a besoin de $\frac{1}{12}$ de plus pour faire 6.
   Et puis, 6 a besoin de 3 de plus pour faire 9.
   Donc, $5\frac{11}{12} + 3\frac{1}{12} = 9$.

   $$5\frac{11}{12} \xrightarrow{+\frac{1}{12}} 6 \xrightarrow{+3} 9$$

Quand je regarde cette équation, je pense: «Il y a un certain nombre qui, quand j'en soustrais $2\frac{1}{2}$ et 15, il en reste $17\frac{1}{4}$». Cela m'aide à visualiser un diagramme de bande comme celui-ci:

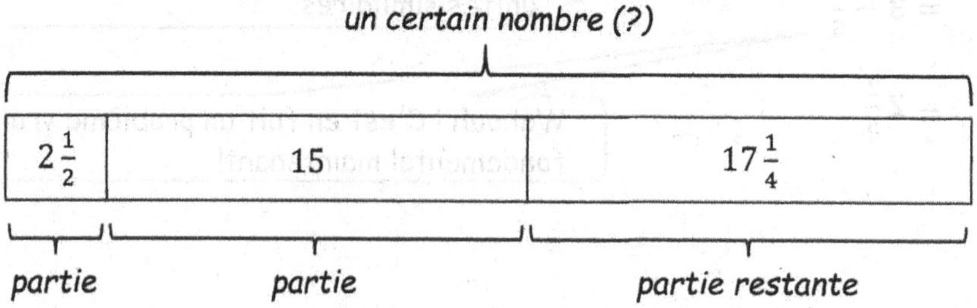

b. $\underline{34\frac{3}{4}} - 2\frac{1}{2} - 15 = 17\frac{1}{4}$

Par conséquent, si j'additionne ces 3 parties, je peux découvrir quel est ce nombre manquant.

$$2\frac{1}{2} + 15 + 17\frac{1}{4}$$

$$= 34 + \left(\frac{1}{2} + \frac{1}{4}\right)$$

$$= 34\frac{3}{4}$$

Je peux ajouter les nombres entiers et ensuite ajouter les fractions.

Je peux renommer $\frac{1}{2}$ en $\frac{2}{4}$ dans ma tête afin d'ajouter des unités similaires.

EUREKA MATH

Nom ______________________________ Date ______________

1. Réorganisez les termes de manière à pouvoir ajouter ou soustraire mentalement. Ensuite, résous-les.

a. $1\frac{3}{4}+\frac{1}{2}+\frac{1}{4}+\frac{1}{2}$

b. $3\frac{1}{6}-\frac{3}{4}+\frac{5}{6}$

c. $5\frac{5}{8}-2\frac{6}{7}-\frac{2}{7}-\frac{5}{8}$

d. $\frac{7}{9}+\frac{1}{2}-\frac{3}{2}+\frac{2}{9}$

2. Remplissez le vide pour que l'énoncé soit vrai.

a. $7\frac{3}{4}-1\frac{2}{7}-\frac{3}{2}=$ ______

b. $9\frac{5}{6}+1\frac{1}{4}+$ ______ $=14$

c. $\frac{7}{10} -$ _____ $+ \frac{3}{2} = \frac{6}{5}$

d. _____ $-20 - 3\frac{1}{4} = 14\frac{5}{8}$

e. $\frac{17}{3} +$ _____ $+ \frac{5}{2} = 10\frac{4}{5}$

f. $23.1 + 1\frac{7}{10} -$ _____ $= \frac{66}{10}$

3. Laura a acheté $8\frac{3}{10}$ yd de ruban. Elle utilisait $1\frac{2}{5}$ yd nouer un paquet et $2\frac{1}{3}$ yd faire un arc. Joe plus tard lui a donné $4\frac{3}{5}$ yd. Combien de ruban a-t-elle maintenant ?

4. Mia a acheté $10\frac{1}{9}$ kg de farine. Elle utilisait $2\frac{3}{4}$ kg de farine pour cuire des gâteaux aux bananes et certains pour cuire du chocolat Gâteaux. Après avoir fait cuire tous les gâteaux, elle avait $3\frac{5}{6}$ kg de farine à gauche. Combien de farine a-t-elle utilisée pour cuire le gâteaux au chocolat ?

1. Nikki a acheté dix mètres de tissu. Elle utilisait $2\frac{1}{4}$ mètres pour une robe et $1\frac{3}{5}$ mètres pour une chemise. Combien de tissu lui restait-il ?

Il existe différentes manières de résoudre ce problème. Je pourrais soustraire la longueur de la robe et de la chemise de la longueur totale du tissu.

Je vais dessiner un diagramme en bande et étiqueter le tout comme 10 m et les pièces comme $2\frac{1}{4}$ m et $1\frac{3}{5}$ m.

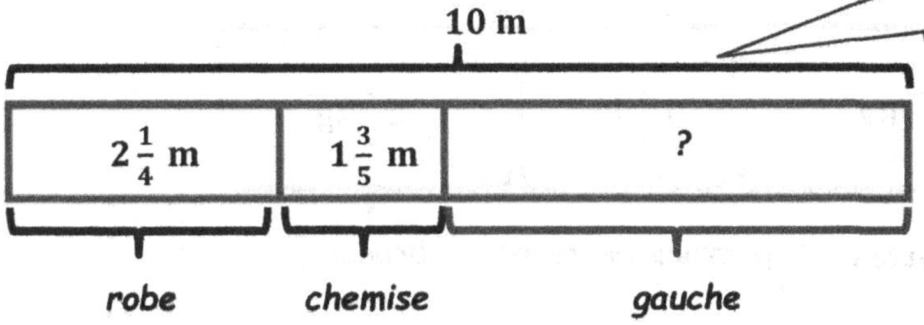

Je vais étiqueter la partie qui reste avec un point d'interrogation parce que c'est ce que j'essaie de trouver.

Je peux d'abord soustraire les nombres entiers.
$10 - 2 - 1 = 7$

$$10 - 2\frac{1}{4} - 1\frac{3}{5}$$
$$= 7 - \frac{1}{4} - \frac{3}{5}$$
$$= 7 - \frac{5}{20} - \frac{12}{20}$$
$$= 6\frac{20}{20} - \frac{5}{20} - \frac{12}{20}$$
$$= 6\frac{3}{20}$$

Je peux renommer ces fractions en vingtièmes pour les soustraire.
$\frac{1}{4} = \frac{5}{20}$, et $\frac{3}{5} = \frac{12}{20}$.

Je dois renommer 7 en $6\frac{20}{20}$ pour pouvoir soustraire.

Il lui restait $6\frac{3}{20}$ mètres de tissu.

2. Jose a acheté $3\frac{1}{5}$ kg de carottes, $1\frac{3}{4}$ kg de pommes de terre, et $2\frac{2}{5}$ kg de brocoli. Quel est le poids total des légumes ?

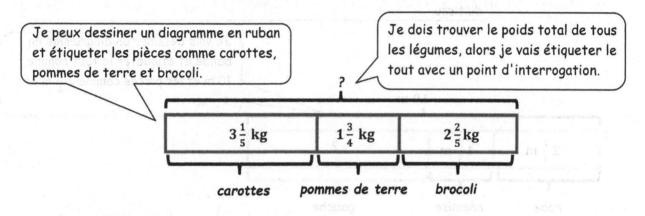

J'utiliserai l'addition pour trouver le poids total des légumes.

Je peux dessiner un diagramme en ruban et étiqueter les pièces comme carottes, pommes de terre et brocoli.

Je dois trouver le poids total de tous les légumes, alors je vais étiqueter le tout avec un point d'interrogation.

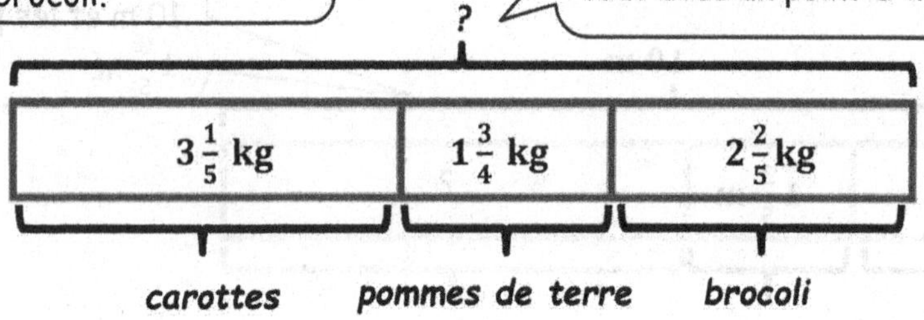

Je peux additionner les nombres entiers.

$3 + 1 + 2 = 6$

$$3\frac{1}{5} + 1\frac{3}{4} + 2\frac{2}{5}$$
$$= 6 + \frac{1}{5} + \frac{3}{4} + \frac{2}{5}$$
$$= 6 + \frac{4}{20} + \frac{15}{20} + \frac{8}{20}$$
$$= 6 + \frac{27}{20}$$
$$= 6 + \frac{20}{20} + \frac{7}{20}$$
$$= 7\frac{7}{20}$$

J'ai besoin de renommer les fractions avec une unité commune de vingtièmes.

$\frac{1}{5} = \frac{4}{20}, \frac{3}{4} = \frac{15}{20},$ et $\frac{2}{5} = \frac{8}{20}$.

$\frac{27}{20} = \frac{20}{20} + \frac{7}{20} = 1\frac{7}{20}$

Le poids total des légumes est de $7\frac{7}{20}$ ***kilogrammes.***

 Leçon 15 : Résolvez des problèmes de mots en plusieurs étapes; évaluer le caractère raisonnable des solutions en utilisant des chiffres de référence.

Nom ______________________________ Date ____________________

Résolvez les problèmes de mots en utilisant la stratégie RDW. Montrez tout votre travail.

1. Un boulanger achète un 5 kg sac de sucre. Elle utilise $1\frac{2}{3}$ kg faire des muffins et $2\frac{3}{4}$ kg pour faire un gâteau. Combien de sucre lui reste-t-il ?

2. Un boxeur doit perdre $3\frac{1}{2}$ kg dans un mois pour pouvoir concourir en tant que poids mouche. En trois semaines, il abaisse son poids de 55.5 kg à 53.8 kg. Combien de kilogrammes le boxeur doit-il perdre dans la dernière semaine pour pouvoir concourir en tant que poids mouche?

3. Une entreprise de construction construit une nouvelle ligne ferroviaire de la ville A à la ville B. Ils complètent $1\frac{2}{3}$ miles dans leur première semaine de travail et $1\frac{1}{4}$ miles dans la deuxième semaine. S'ils ont encore $25\frac{3}{4}$ kilomètres à construire, quelle est la distance entre la ville A et la ville B ?

4. Une entreprise de restauration a besoin 8,75 livres de crevettes pour une petite fête. Ils achètent $3\frac{2}{3}$ kg de crevettes géantes, $2\frac{5}{8}$ kg de crevettes de taille moyenne, et quelques mini-crevettes. Combien de livres de mini-crevettes achètent-ils ?

5. Mark divise un trajet de 9 heures en 3 segments. Il conduit $2\frac{1}{2}$ heures avant de s'arrêter pour le déjeuner. Après conduire un peu plus, il s'arrête pour le gaz. Si le deuxième segment de son entraînement était $1\frac{2}{3}$ heures de plus que le premier segment, combien de temps a-t-il conduit après s'être arrêté pour faire du gaz ?

Je sais que $\frac{1}{4}$ plus $\frac{3}{4}$ est égal à $\frac{4}{4}$, ou 1.

Dessinez les rubans suivants.

a. 1 ruban. La pièce illustrée ci-dessous est uniquement $\frac{1}{4}$ dans le trou. Complétez le dessin pour montrer le tout ruban.

C'est 1 unité de $\frac{1}{4}$.

Je peux dessiner 3 unités supplémentaires de $\frac{1}{4}$ pour compléter le tout.

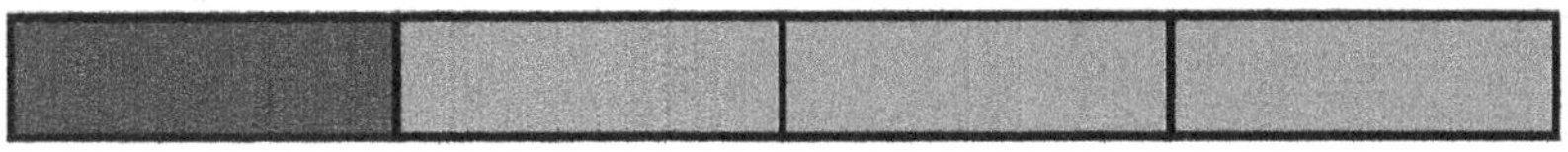

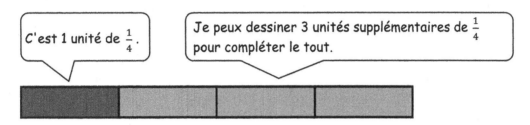

b. 1 ruban. La pièce illustrée ci-dessous est $\frac{3}{5}$ dans le trou. Complétez le dessin pour montrer le tout ruban.

Je sais que $\frac{3}{5}$ plus $\frac{2}{5}$ est égal à $\frac{5}{5}$, ou 1.

Je peux partitionner l'unité ombrée en 3 parties égales.

J'ai besoin de dessiner 2 unités supplémentaires pour faire un total de 5 parties. Maintenant, la partie ombrée représente $\frac{3}{5}$ et la partie non ombrée représente $\frac{2}{5}$.

c. 2 rubans, *UNE* et *B*. Un sixième de *UNE* est égal à tous *B*. Dessinez une image des rubans.

Je sais que le ruban A doit être plus long que B. Plus précisément, le ruban B n'est que 1 sixième de A. Cela signifie également que le ruban A est 6 fois plus long que le ruban B.

Je peux dessiner une grande unité pour représenter le ruban A. Ensuite, je peux le partitionner en 6 parties égales.

A

B

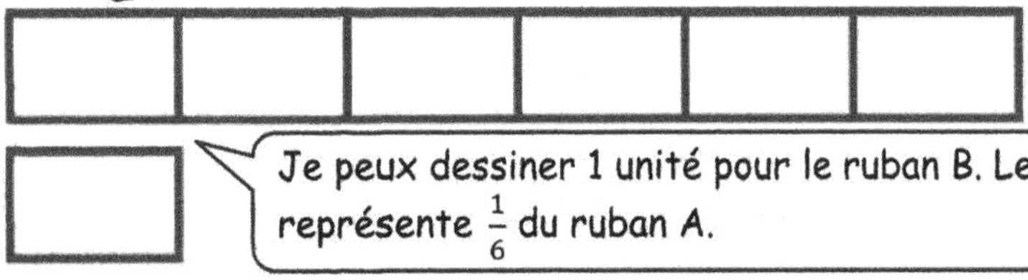

Je peux dessiner 1 unité pour le ruban B. Le ruban B représente $\frac{1}{6}$ du ruban A.

Nom ______________________________ Date ____________________

Dessinez les routes suivantes.

a. 1 route. La pièce illustrée ci-dessous est uniquement $\frac{3}{7}$ dans le trou. Complétez le dessin pour montrer le tout route.

b. 1 route. La pièce illustrée ci-dessous est $\frac{1}{6}$ dans le trou. Complétez le dessin pour montrer toute la route.

c. 3 routes, A, B et C. B est trois fois plus long que A. C est deux fois plus long que B. Dessinez les routes. Quelle fraction de la longueur totale des routes correspond à la longueur de A ? Si la route B est plus longue de 7 milles que la route A, quelle est la longueur de la route C ?

d. Écrivez votre propre problème de route avec 2 ou 3 longueurs.

Module 4 de 5e année

1. Un groupe d'élèves a mesuré la hauteur de leur pousse de haricot au quart de pouce près. Tracez un graphique linéaire pour représenter leurs données:

$2\frac{1}{2}$, $1\frac{1}{4}$, 2, $3\frac{1}{2}$, $2\frac{1}{4}$, 2, $2\frac{1}{2}$, 2, $2\frac{1}{2}$, $2\frac{1}{4}$, $3\frac{1}{4}$

> Je peux mettre un X au-dessus de la droite numérique pour chaque mesure dans cet ensemble de données.

Hauteur de germes de haricots

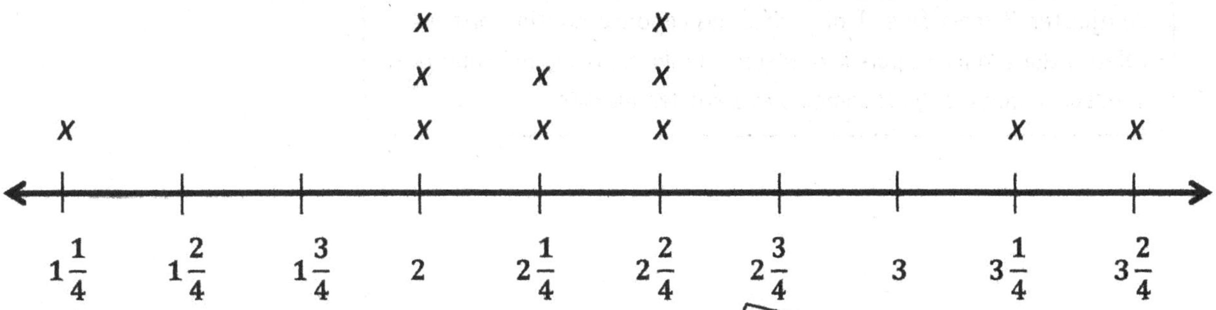

(pouces)

> Étant donné que l'ensemble de données comprend des valeurs de demi, quart et pouces entiers, je peux dessiner une droite numérique qui montre des valeurs comprises entre $1\frac{1}{4}$ et $3\frac{2}{4}$ et tous les $\frac{1}{4}$ pouces entre les deux.

2. Répondre aux questions suivantes.

   a. Quelle pousse de haricot est la plus haute?

   > Une fois mon tracé linéaire créé, je peux l'utiliser pour m'aider à répondre à ces questions.

   La pousse la plus haute mesure des $3\frac{1}{2}$ pouces.

   b. Quelle pousse de haricot est la plus courte?

   $1\frac{1}{4}$ pouces.

   c. Quelle mesure est la plus fréquente?

   Les valeurs les plus fréquentes sont 2 pouces et $2\frac{1}{2}$ pouces.

   > Le plus fréquent signifie la valeur indiquée le plus souvent. Étant donné que 2 et $2\frac{1}{2}$ ont été répertoriés trois fois, les deux valeurs sont considérées comme les plus fréquentes.

d. Quelle est la hauteur totale de toutes les pousses de soja?

La hauteur totale de toutes les valeurs est de 26 pouces.

Je me suis assuré d'ajouter les onze valeurs. Par exemple, j'ai dû ajouter 2 trois fois. J'ai vérifié ma réponse en ajoutant les valeurs dans la liste, puis les valeurs sur la droite numérique pour m'assurer que les deux sommes étaient les mêmes.

EUREKA MATH

Nom ______________________________ Date ______________

Un météorologue a installé des pluviomètres à divers endroits autour d'une ville et a enregistré les quantités de pluie dans le tableau ci-dessous. Utilisez les données du tableau pour créer un tracé linéaire en utilisant $\frac{1}{8}$ pouces.

a. Quel endroit a reçu le plus de précipitations?

b. Quel endroit a reçu le moins de précipitations?

c. Quelle mesure des précipitations était la plus fréquente?

d. Quelle est la pluviométrie totale en pouces?

Emplacement	Montant des précipitations (pouces)
1	$\frac{1}{8}$
2	$\frac{3}{8}$
3	$\frac{3}{4}$
4	$\frac{3}{4}$
5	$\frac{1}{4}$
6	$1\frac{1}{4}$
7	$\frac{1}{8}$
8	$\frac{1}{4}$
9	1
10	$\frac{1}{8}$

1. Dessinez une image pour montrer la division. Exprimez votre réponse sous forme de fraction.

   a. $1 \div 3 =$ **3 *tiers* ÷ 3 = 1 *tiers*** $= \frac{1}{3}$

   3 ÷ 3 = 1
   donc 3 tiers ÷ 3 = 1 tiers.

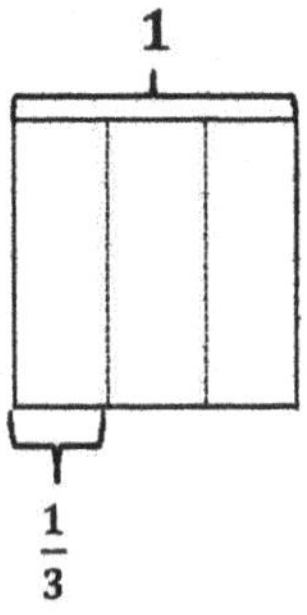

   3 ÷ 3 = 1 Je peux penser à 1 ÷ 3 comme 1 cracker partagé à parts égales par 3 personnes. Chaque personne reçoit $\frac{1}{3}$ du cracker.

   b. $2 \div 5 =$ **10 *cinquièmes* ÷ 5 = 2 *cinquièmes*** $= \frac{2}{5}$

   10 ÷ 5 = 2
   Par conséquent, 10 cinquièmes ÷ 5 = 2 cinquièmes.

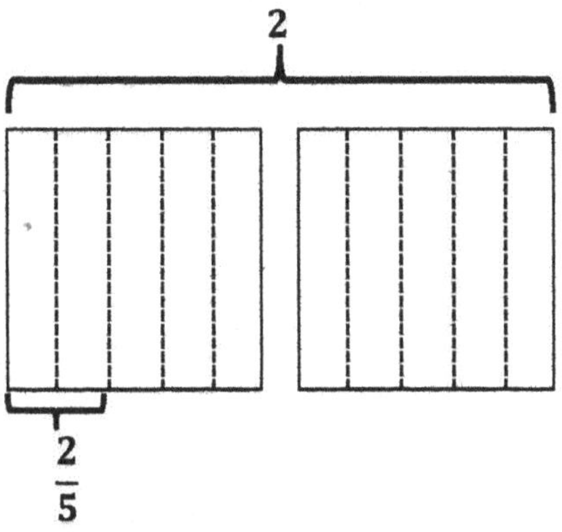

   Si 2 crackers étaient partagés à parts égales par 5 personnes, chaque personne recevrait $\frac{2}{5}$ d'un cracker.

2. Remplis les blancs pour faire des phrases numériques correctes.

   a. $15 \div 4 = \frac{15}{4}$

   Je peux écrire une expression de division sous forme de fraction

   b. $\frac{5}{3} = \underline{5} \div \underline{3}$

   Je peux interpréter une fraction comme une expression de division.

   c. $2\frac{1}{2} = \underline{5} \div \underline{2}$

   Je peux exprimer ce nombre mixte comme une fraction supérieure à 1.
   $2\frac{1}{2} = \frac{5}{2}$

   Si 5 craquelins étaient partagés à parts égales par 2 personnes, chaque personne recevrait 5 moitiés, ou $2\frac{1}{2}$ craquelins.

Nom ______________________________ Date ____________________

1. Dessinez une image pour montrer la division. Exprimez votre réponse sous forme de fraction.

   a. $1 \div 4$

   b. $3 \div 5$

   c. $7 \div 4$

2. À l'aide d'une image, montrez comment six personnes pourraient partager quatre sandwichs. Ensuite, écrivez une équation et résolvez-la.

3. Remplis les blancs pour faire des vraies affirmations.

a. $2 \div 7 = \frac{\quad}{\quad}$

b. $39 \div 5 = \frac{\quad}{\quad}$

c. $13 \div 3 = \frac{\quad}{\quad}$

d. $\frac{9}{5} =$ ______ $\div$ ______

e. $\frac{19}{28} =$ ______ $\div$ ______

f. $1\frac{3}{5} =$ ______ $\div$ ______

1. Remplis le tableau.

Expression de division	Forme d'unité	Fraction impropre	Nombre mixte	Algorithme standard (écrivez votre réponse en nombres entiers et en unités fractionnaires. Puis vérifier.)
a. $3 \div 2$	*6 moitiés* ÷ 2 = 3 *moitiés*	$\frac{3}{2}$	$1\frac{1}{2}$	$1\frac{1}{2}$; $2 \overline{)\,3}$; -2 ; 1 — *Vérifie :* $2 \times 1\frac{1}{2} = 1\frac{1}{2} + 1\frac{1}{2} = 3$

Je peux visualiser les dessins que j'ai faits dans la leçon précédente. 3 crackers sont partagés à parts égales par 2 personnes. Je pourrais partitionner chaque cracker en 2 parties égales, puis partager les 6 moitiés.

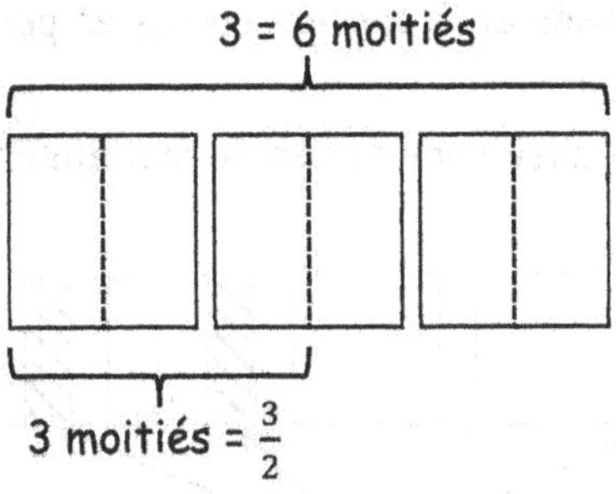

Je peux penser à cela d'une autre manière aussi. Puisqu'il y a 3 craquelins partagés à parts égales par 2 personnes, chaque personne peut obtenir 1 cracker entier et $\frac{1}{2}$ d'un autre.

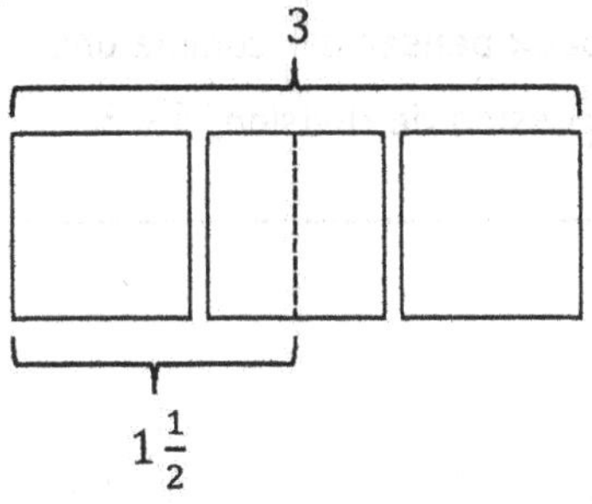

Expression de division	Forme d'unité	Fraction impropre	Nombre mixte	Algorithme standard (écrivez votre réponse en nombres entiers et en unités fractionnaires. Puis vérifier.)
b. $5 \div 3$	15 *tiers* ÷ 3 = 5 *tiers*	$\frac{5}{3}$	$1\frac{2}{3}$	$1\frac{2}{3}$ $3 \overline{)\,5}$ -3 2 *Vérifier :* $3 \times 1\frac{2}{3}$ $= 1\frac{2}{3} + 1\frac{2}{3} + 1\frac{2}{3}$ $= 3\frac{6}{3}$ $= 3 + 2$ $= 5$

Cette fois, on me donne le nombre mixte. Je sais que $1\frac{2}{3}$ équivaut à $\frac{3}{3} + \frac{2}{3}$, ce qui est égal à $\frac{5}{3}$. Je peux penser à $\frac{5}{3}$ comme une expression de division, $5 \div 3$.

L'algorithme standard a du sens. S'il y avait 5 craquelins partagés à parts égales par 3 personnes, chaque personne pourrait obtenir 1 cracker entier, puis les 2 craquelins restants seraient divisés en 3 parties égales et partagés en tiers.

Je peux visualiser une façon de modéliser ce scénario:

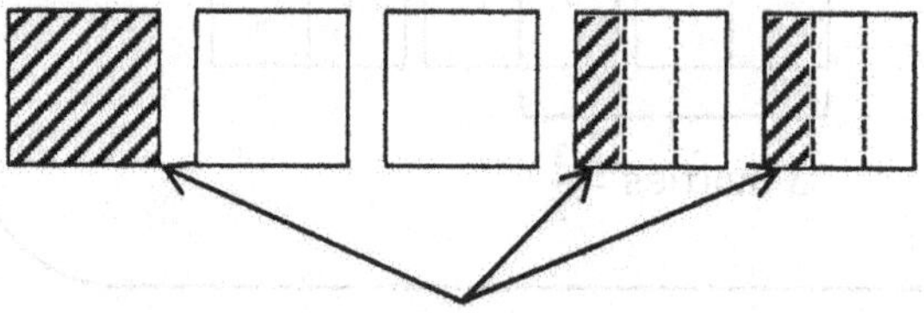

Chaque personne reçoit 1 cracker entier et $\frac{2}{3}$ d'un cracker.

EUREKA MATH

Nom ______________________ Date ____________

1. Remplis le tableau. Le premier a été fait pour toi.

Expression de division	Formulaires d'unité	Non conforme Fractions	Mixte Nombres	Algorithme standard (Écrivez votre réponse en nombres entiers et en unités fractionnaires. Puis vérifier.)
a. $4 \div 3$	12 tiers ÷ 3 = 4 tiers	$\frac{4}{3}$	$1\frac{1}{3}$	$3\overline{)4}$ quotient $1\frac{1}{3}$; -3; 1 Vérifier $3 \times 1\frac{1}{3} = 1\frac{1}{3} + 1\frac{1}{3} + 1\frac{1}{3}$ $= 3 + \frac{3}{3}$ $= 3 + 1$ $= 4$
b. ___ ÷ ___	___ cinquièmes ÷ 5 = ___ cinquièmes		$1\frac{2}{5}$	
c. ___ ÷ ___	___ moitiés ÷ 2 = ___ moitiés			$2\overline{)7}$
d. $7 \div 4$		$\frac{7}{4}$		

2. Un café utilise 4 litres de lait par jour.

   a. S'il y a 15 litres de lait dans le réfrigérateur, après combien de jours faudra-t-il plus de lait ? acheté ? Explique comment tu le sais.

   b. Si seulement la moitié de la quantité de lait est utilisée chaque jour, après combien de jours faudra-t-il acheter davantage de lait ?

3. Polly achète 14 cupcakes pour une fête. La boulangerie les met dans des boîtes de 4 petits gâteaux chacune.

   a. Combien de boîtes faudra-t-il à Polly pour apporter tous les cupcakes à la fête ? Explique comment tu le sais.

   b. Si la boulangerie remplit complètement autant de boîtes que possible, quelle fraction de la dernière boîte est vide ? Combien de cupcakes supplémentaires sont nécessaires pour remplir cette boîte ?

Dessinez un diagramme en bande à résoudre. Exprimez votre réponse sous forme de fraction. Montrez la phrase d'addition pour soutenir votre réponse.

$5 \div 4 = \frac{5}{4} = 1\frac{1}{4}$

Je peux modéliser $5 \div 4$ en dessinant un diagramme en bande. La bande entière représente le dividende, 5. Le diviseur est 4, donc je partitionne le modèle en 4 parties égales, ou unités.

Je peux penser à l'expression $5 \div 4$ comme 5 crackers partagés également par 4 personnes. Cette unité représente ici combien 1 personne reçoit.

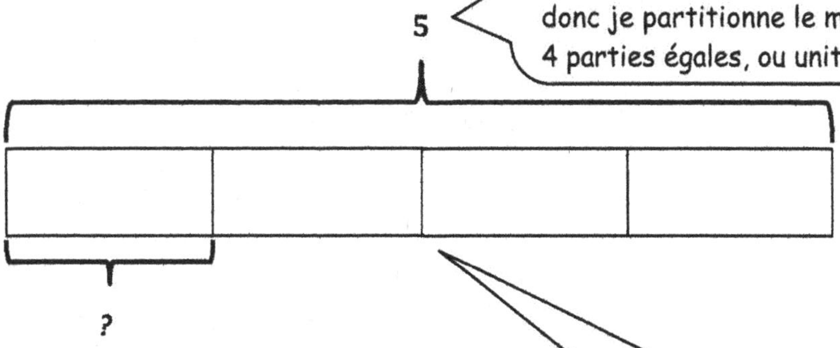

Maintenant que j'ai divisé, je sais que chacune de ces quatre unités a une valeur de $1\frac{1}{4}$.

4 unités **= 5**

1 unité **=** $5 \div 4 = \frac{5}{4} = 1\frac{1}{4}$

Mon diagramme en bande me montre que les 4 parties, ou unités, sont égales à 5. Donc, je peux trouver la valeur de 1 unité en divisant, $5 \div 4$.

$$\begin{array}{r|l} & 1\frac{1}{4} \\ \hline 4 & 5 \\ & -4 \\ \hline & 1 \end{array}$$

Vérifie :

$4 \times 1\frac{1}{4}$

$= 1\frac{1}{4} + 1\frac{1}{4} + 1\frac{1}{4} + 1\frac{1}{4}$

$= 4 + \frac{4}{4}$

$= 5$

Nom ________________________________ Date ________________

1. Dessinez un diagramme en bande à résoudre. Exprimez votre réponse sous forme de fraction. Montrez la phrase d'addition pour soutenir votre réponse. Le premier a été fait pour toi.

   a. $1 \div 4 = \frac{1}{4}$

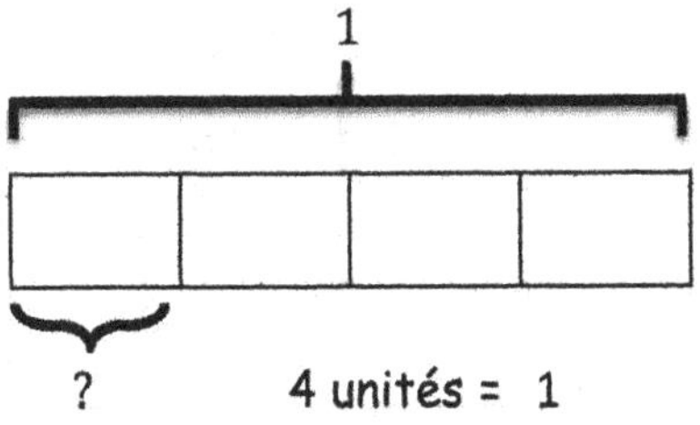

4 unités = 1

1 unité = $1 \div 4$

$= \frac{1}{4}$

$$
\begin{array}{r|l}
 & 0\ \frac{1}{4} \\
\hline
4 & 1 \\
 & -\ 0 \\
\hline
 & 1
\end{array}
$$

Vérifie :

$4 \times \frac{1}{4}$

$= \frac{1}{4} + \frac{1}{4} + \frac{1}{4} + \frac{1}{4}$

$= \frac{4}{4}$

$= 1$

   b. $4 \div 5 =$ ——

   c. $8 \div 5 =$ ——

   d. $14 \div 3 =$ ——

2. Remplis le tableau. Le premier a été fait pour toi.

Expression de division	Fraction	Entre lesquels deux les nombres entiers est votre répondre ?	Algorithme standard
a. $16 \div 5$	$\frac{16}{5}$	3 et 4	$5 \overline{)16}$ quotient $3\ \frac{1}{5}$; -15; 1
b. ___ ÷ ___	$\frac{3}{4}$	0 et 1	
c. ___ ÷ ___	$\frac{7}{2}$		$2 \overline{)7}$
d. ___ ÷ ___	$\frac{81}{90}$		

3. Jackie a coupé une bobine de 2 verges en 5 longueurs égales de ruban.

   a. Quelle est la longueur de chaque ruban en mètres ? Dessinez un diagramme en bande pour montrer votre réflexion

   b. Quelle est la longueur de chaque ruban en pieds ? Dessinez un diagramme en bande pour montrer votre réflexion

4. Baa Baa, le mouton noir, avait 7 livres de laine. S'il séparait la laine de manière égale en 3 sacs, combien y aurait-il de laine dans 2 sacs ?

5. Un pull pour adulte est fait de 2 livres de laine. C'est 3 fois plus de laine qu'il n'en faut pour fabriquer un pull pour bébé. Combien de laine faut-il pour fabriquer un pull pour bébé ? Utilisez un diagramme de bande pour résoudre.

Kenneth divisé 15 tasses de farine de blé entier à égalité 4 miches de pain

a. Combien de farine de blé entier est entrée dans chaque pain?

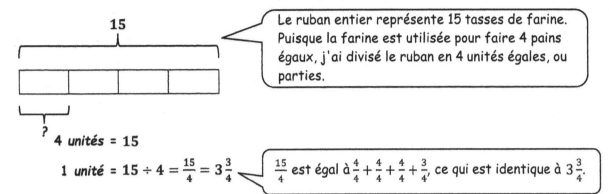

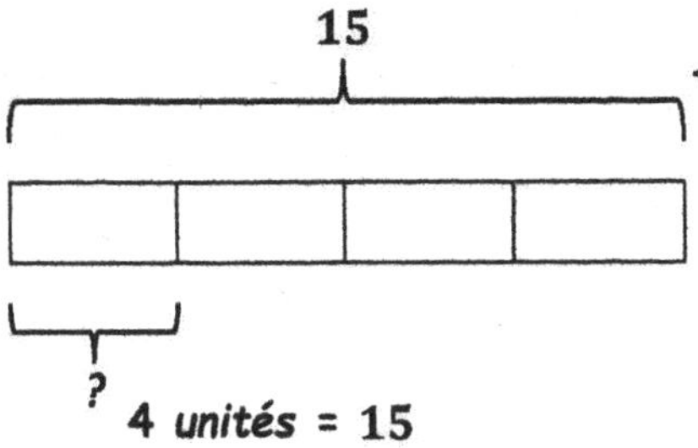

Le ruban entier représente 15 tasses de farine. Puisque la farine est utilisée pour faire 4 pains égaux, j'ai divisé le ruban en 4 unités égales, ou parties.

4 unités = 15

1 unité = $15 \div 4 = \frac{15}{4} = 3\frac{3}{4}$

$\frac{15}{4}$ est égal à $\frac{4}{4} + \frac{4}{4} + \frac{4}{4} + \frac{3}{4}$, ce qui est identique à $3\frac{3}{4}$.

Kenneth a utilisé $3\frac{3}{4}$ tasses de farine de blé entier pour chaque miche de pain.

b. Combien de tasses de farine de blé entier y a-t-il 3 miches de pain?

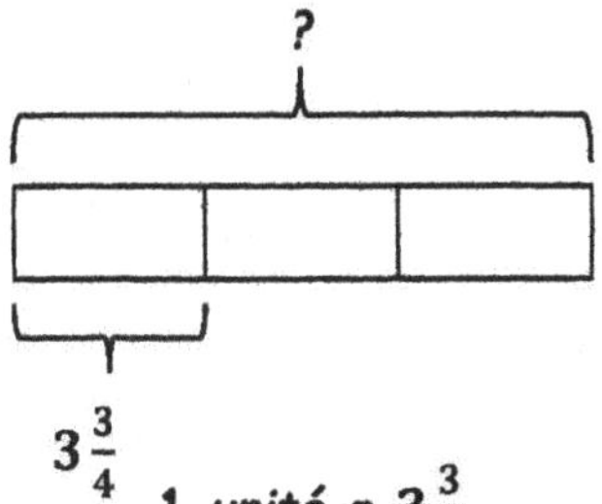

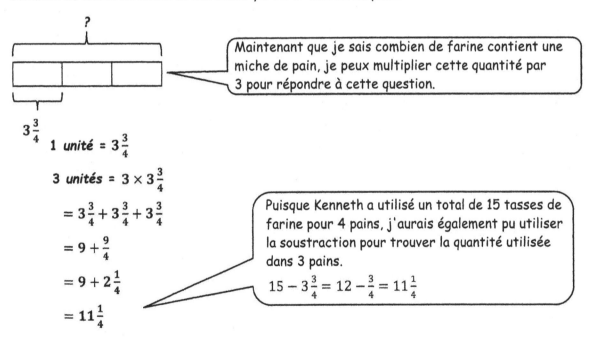

Maintenant que je sais combien de farine contient une miche de pain, je peux multiplier cette quantité par 3 pour répondre à cette question.

1 unité = $3\frac{3}{4}$

3 unités = $3 \times 3\frac{3}{4}$

$= 3\frac{3}{4} + 3\frac{3}{4} + 3\frac{3}{4}$

$= 9 + \frac{9}{4}$

$= 9 + 2\frac{1}{4}$

$= 11\frac{1}{4}$

Puisque Kenneth a utilisé un total de 15 tasses de farine pour 4 pains, j'aurais également pu utiliser la soustraction pour trouver la quantité utilisée dans 3 pains.

$15 - 3\frac{3}{4} = 12 - \frac{3}{4} = 11\frac{1}{4}$

Il y a $11\frac{1}{4}$ tasses de farine de blé entier dans 3 pains.

Nom ____________________ Date ____________

1. Quand quelqu'un a fait don de 14 gallons de peinture à l'école primaire de Rosendale, la cinquième année a décidé de utilisez-le pour peindre des peintures murales. Ils ont divisé les gallons également entre les quatre classes.

   a. Combien de peinture chaque classe avait-elle pour peindre sa peinture murale ?

   b. Combien de peinture les trois classes utiliseront-elles? Montrez votre réflexion en utilisant des mots, des chiffres ou des images.

   c. Si 4 élèves partagent un mur de 30 pieds carrés à parts égales, combien de pieds carrés du mur seront peints par chaque étudiant ?

   d. Quelle fraction du mur chaque élève peindra-t-il ?

2. Craig a acheté une baguette de 3 pieds de long, puis en a fait 4 sandwichs de taille égale.

   a. Quelle portion de la baguette a été utilisée pour chaque sandwich ? Dessinez un modèle visuel pour vous aider à résoudre ce problème.

   b. Combien de temps, en pieds, est l'un des sandwichs de Craig ?

   c. Combien de pouces de long est l'un des sandwichs de Craig ?

3. Scott a 6 jours pour économiser suffisamment d'argent pour un billet de concert de $45. S'il épargne le même montant chaque jour, quel est le montant minimum qu'il doit épargner chaque jour pour atteindre son objectif? Exprimez votre réponse en dollars.

1. Trouvez la valeur de ce qui suit.

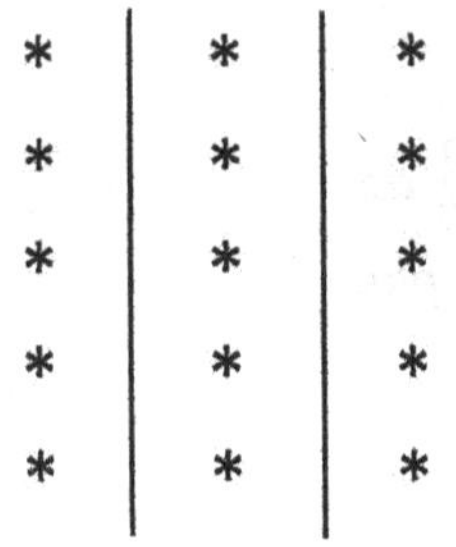

Le tableau affiche un total de 15 étoiles. Chaque colonne représente 1 tiers.

$\frac{1}{3}$ **de** $15 = 5$

$\frac{2}{3}$ **de** $15 = 10$

Pour trouver 2 tiers, je peux compter le nombre d'étoiles dans deux colonnes.

$\frac{3}{3}$ **de** $15 = 15$

$\frac{3}{3}$ représente toutes les étoiles, ou le montant trouvé dans les 3 colonnes.

2. Trouver $\frac{3}{4}$ de 12. Dessinez un ensemble et de l'ombre pour montrer votre réflexion.

Le total du tableau doit être de 12. Puisque j'essaye de trouver des quarts, je peux dessiner une rangée de 4 cercles. Je peux dessiner une deuxième rangée de 4 cercles et continuer à dessiner des rangées jusqu'à ce que j'aie un total de 12 cercles.

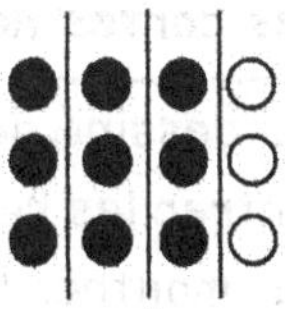

$\frac{3}{4}$ **de** $12 = 9$

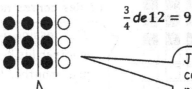

J'ai ombré 3 des 4 colonnes. J'ai compté le nombre de cercles ombrés pour trouver la réponse.

J'ai dessiné des lignes verticales pour montrer clairement les quarts. Chaque colonne représente $\frac{1}{4}$ de 12.

3. Comment savoir $\frac{1}{3}$ de 18 vous aider à trouver $\frac{2}{3}$ de 18 ? Dessinez une image pour expliquer votre réflexion.

Je sais que j'ai besoin d'un ensemble de 18. Puisque je trouve un tiers de 18, j'ai dessiné des rangées de 3.

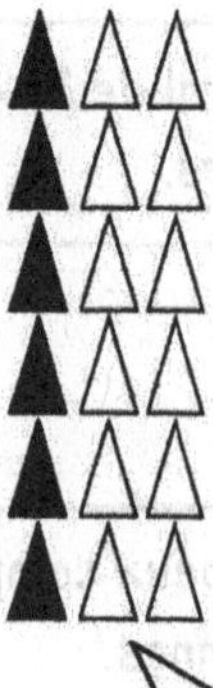

D'après mon dessin, je sais que $\frac{1}{3}$ de 18 fait 6. $\frac{2}{3}$ de 18 est deux fois plus que $\frac{1}{3}$ de 18. $\frac{2}{3}$ de 18 = 12.

$\frac{1}{3}$ de 18 est 6, donc $\frac{2}{3}$ de 18 est 2 X 6, ou 12. $\frac{3}{3}$ de 18 serait 3 X 6, ou 18.

4. Michael a recueilli 21 cartes de sport. $\frac{3}{7}$ des cartes sont des cartes de baseball. Combien de cartes ne sont pas du baseball cartes ?

L'ensemble complet est de 21 cartes. Afin d'afficher les septièmes, je peux dessiner 7 rectangles dans une colonne, puis continuer à dessiner des colonnes jusqu'à ce que j'affiche les 21 cartes.

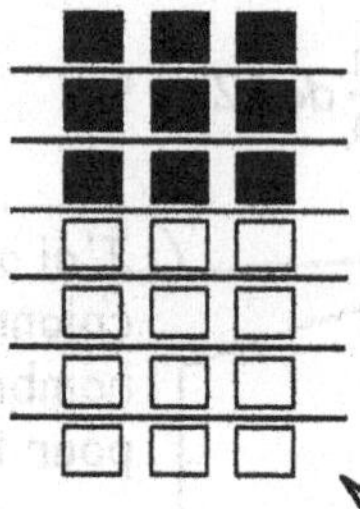

12 des cartes ne sont pas des cartes de baseball.

J'ai dessiné des lignes horizontales pour montrer les septièmes. J'ai ombré en $\frac{3}{7}$ pour montrer la collection de cartes de baseball.

La question demandait combien de cartes n'étaient pas des cartes de baseball, alors j'ai compté $\frac{4}{7}$, ou 12, rectangles pour obtenir ma réponse.

Dans les autres exemples, j'ai d'abord dessiné des lignes. Dans cette question, j'ai d'abord dessiné des colonnes. L'une ou l'autre manière est correcte, et l'une ou l'autre manière montrera ma pensée avec précision.

Nom ______________________________ Date ______________

1. Trouvez la valeur de chacun des éléments suivants.

a.

$\frac{1}{3}$ de 12 =

$\frac{2}{3}$ de 12 =

$\frac{3}{3}$ de 12 =

b.

$\frac{1}{4}$ de 20 =

$\frac{2}{4}$ de 20 =

$\frac{3}{4}$ de 12 =

$\frac{4}{4}$ de 12 =

c.

$\frac{1}{5}$ de 35 =

$\frac{2}{5}$ de 35 =

$\frac{3}{5}$ de 35 =

$\frac{4}{5}$ de 35 =

$\frac{5}{5}$ de 35 =

$\frac{6}{5}$ de 35 =

2. Trouver $\frac{2}{3}$ sur 18. Dessinez un ensemble et une ombre pour montrer votre réflexion.

3. Comment savoir $\frac{1}{5}$ sur 10 vous aident à trouver $\frac{3}{5}$ de 10? Dessinez une image pour expliquer votre réflexion.

4. Sara vient d'avoir 18 ans. Elle a passé $\frac{4}{9}$ de sa vie vivant à Rochester, NY. Combien d'années Sara a-t-elle vécu à Rochester ?

5. Un agriculteur a collecté 12 douzaines d'œufs de ses poulets. Elle a vendu $\frac{5}{6}$ des œufs au marché fermier et a donné le reste à des amis et voisins.

   a. Combien de dizaines d'œufs le fermier a-t-il donné ? Combien d'œufs a-t-elle donné ?

   b. Elle a vendu chaque douzaine pour $4.50. Combien gagnait-elle des œufs qu'elle vendait ?

Résous à l'aide d'un diagramme en bande

Je peux dessiner un diagramme sur bande et étiqueter le tout comme 25. J'ai besoin de trouver des cinquièmes, donc je partitionne le tout en cinq unités, ou parties.

a. $\frac{1}{5}$ de $25 = \mathbf{5}$

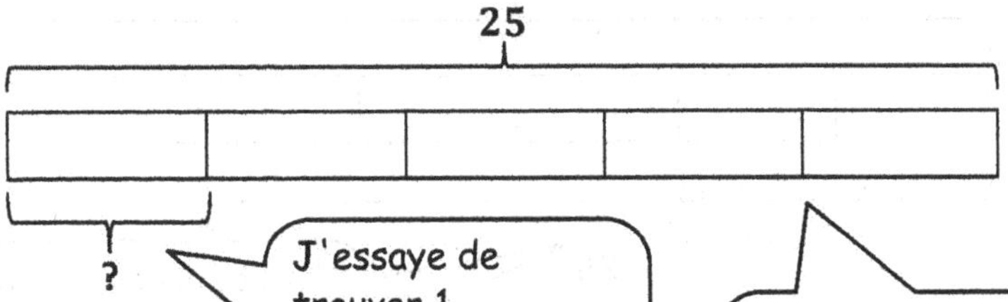

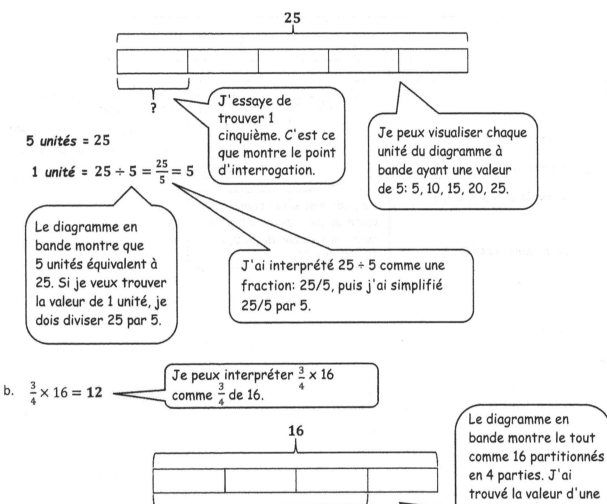

J'essaye de trouver 1 cinquième. C'est ce que montre le point d'interrogation.

Je peux visualiser chaque unité du diagramme à bande ayant une valeur de 5: 5, 10, 15, 20, 25.

5 *unités* = 25

1 *unité* = $25 \div 5 = \frac{25}{5} = 5$

Le diagramme en bande montre que 5 unités équivalent à 25. Si je veux trouver la valeur de 1 unité, je dois diviser 25 par 5.

J'ai interprété $25 \div 5$ comme une fraction: 25/5, puis j'ai simplifié 25/5 par 5.

b. $\frac{3}{4} \times 16 = \mathbf{12}$

Je peux interpréter $\frac{3}{4}$ x 16 comme $\frac{3}{4}$ de 16.

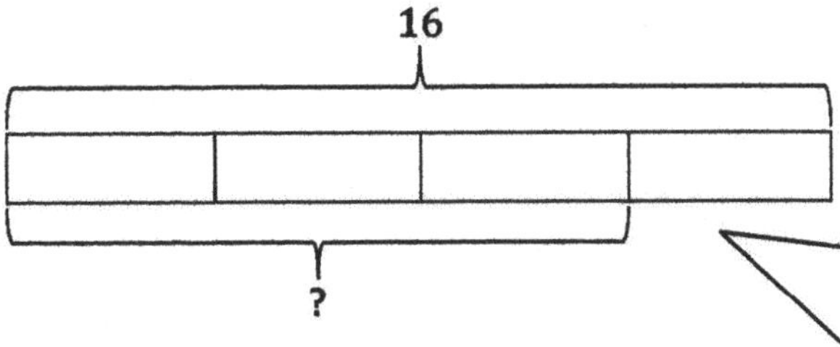

Le diagramme en bande montre le tout comme 16 partitionnés en 4 parties. J'ai trouvé la valeur d'une unité, puis je l'ai multipliée par trois pour trouver la valeur de 3 unités.

4 *unités* = 16

1 *unité* = $16 \div 4 = \frac{16}{4} = 4$

3 *unités* = $3 \times 4 = 12$

Je peux visualiser chaque unité du diagramme à bande ayant une valeur de 4: 4, 8, 12, 16.

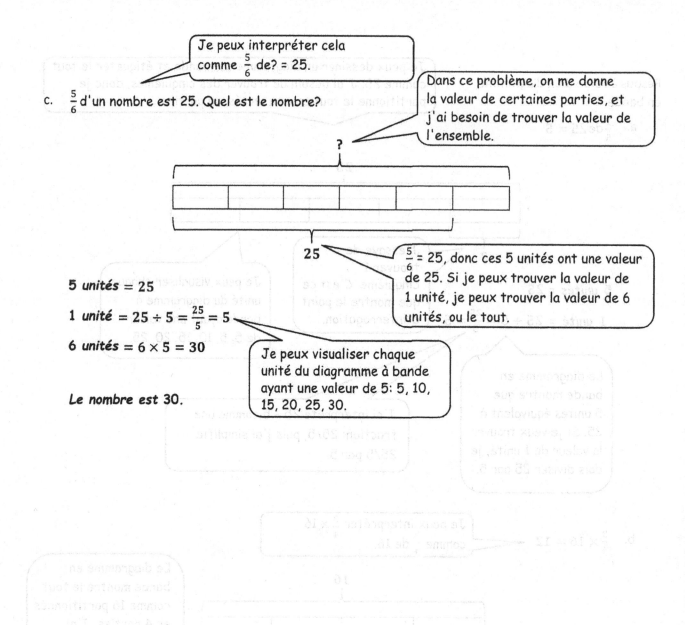

Je peux interpréter cela comme $\frac{5}{6}$ de? = 25.

c. $\frac{5}{6}$ d'un nombre est 25. Quel est le nombre?

Dans ce problème, on me donne la valeur de certaines parties, et j'ai besoin de trouver la valeur de l'ensemble.

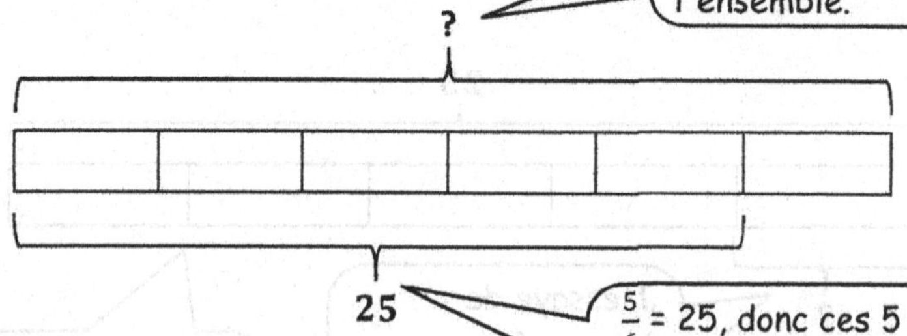

$\frac{5}{6}$ = 25, donc ces 5 unités ont une valeur de 25. Si je peux trouver la valeur de 1 unité, je peux trouver la valeur de 6 unités, ou le tout.

5 unités $= 25$

1 unité $= 25 \div 5 = \frac{25}{5} = 5$

6 unités $= 6 \times 5 = 30$

Je peux visualiser chaque unité du diagramme à bande ayant une valeur de 5: 5, 10, 15, 20, 25, 30.

Le nombre est 30.

Nom ______________________________ Date ______________

1. Résous à l'aide d'un diagramme en bande

a. $\frac{1}{4} \times 24$

b. $\frac{1}{4} \times 48$

c. $\frac{2}{3} \times 18$

d. $\frac{2}{6} \times 18$

e. $\frac{3}{7} \times 49$

f. $\frac{3}{10} \times 120$

g. $\frac{1}{3} \times 31$

h. $\frac{2}{5} \times 20$

i. $\frac{1}{4} \times 25$

j. $\frac{3}{5} \times 25$

k. $\frac{3}{4}$ d'un nombre est 27. Quel est le nombre ?

l. $\frac{2}{5}$ d'un nombre est 14. Quel est le nombre ?

2. Résolvez en utilisant des diagrammes en bande.

   a. Une patinoire a vendu 66 billets. Parmi ceux-ci, $\frac{2}{3}$ étaient des billets pour enfants et le reste étaient des billets pour adultes. Quel est le nombre total de billets pour adultes vendus ?

   b. Un angle droit est divisé en deux angles plus petits, comme illustré. La mesure de l'angle le plus petit est $\frac{1}{6}$ celui d'un angle droit. Quelle est la valeur de l'angle a ?

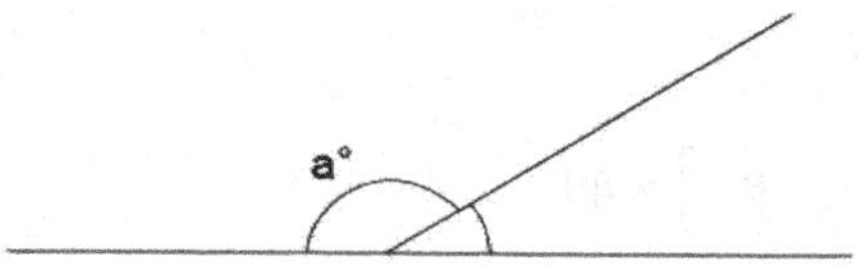

   c. Annabel et Eric ont fait 17 onces de pâte à pizza. Ils ont utilisé $\frac{5}{8}$ de la pâte pour faire une pizza et utilisé le reste pour faire des calzones. Quelle est la différence entre la quantité de pâte utilisée pour faire une pizza et la quantité de pâte utilisée pour faire des calzones ?

   d. L'équipe de hockey des Rangers de New York a gagné $\frac{3}{4}$ de leurs matchs la saison dernière. S'ils ont perdu 21 matchs, combien de matchs ont-ils disputés au cours de la saison entière ?

> Cette expression ajoute à plusieurs reprises 2 cinquièmes. Je peux l'écrire comme une expression de multiplication.
> C'est la même chose que $4 \times \frac{2}{5}$, ou $\frac{4 \times 2}{5}$.

1. Réécrivez les expressions suivantes comme indiqué dans l'exemple.

   Exemple : $\frac{4}{7} + \frac{4}{7} + \frac{4}{7} = \frac{3 \times 4}{7} = \frac{12}{7}$

   a. $\frac{3}{2} + \frac{3}{2} + \frac{3}{2}$

   $\frac{3}{2} + \frac{3}{2} + \frac{3}{2} = \frac{3 \times 3}{2} = \frac{9}{2}$

   b. $\frac{2}{5} + \frac{2}{5} + \frac{2}{5} + \frac{2}{5}$

   $\frac{2}{5} + \frac{2}{5} + \frac{2}{5} + \frac{2}{5} = \frac{4 \times 2}{5} = \frac{8}{5}$

2. Résolvez chaque problème de deux manières différentes. Exprimez votre réponse sous la forme la plus simple.

   a. $\frac{2}{5} \times 30$

   $\frac{2}{5} \times 30 = \frac{2 \times 30}{5} = \frac{60}{5} = 12$

   > Dans cette méthode, j'ai simplifié après avoir multiplié.

   $\frac{2}{5} \times 30 = \frac{2 \times \cancel{30}\,6}{\cancel{5}\,1} = 12$

   > Dans cette méthode, je vois que 30 et 5 ont un facteur commun de 5. Je peux diviser 30 et 5 par 5, et maintenant je peux penser à la fraction comme $\frac{2 \times 6}{1}$.

   b. $32 \times \frac{7}{8}$

   > Cette méthode impliquait des nombres plus importants qui sont difficiles à faire mentalement.

   $32 \times \frac{7}{8} = \frac{32 \times 7}{8} = \frac{224}{8} = 28$

   > La division par un facteur commun de 8 a rendu cette méthode beaucoup plus simple! Je peux faire ça mentalement.

   $32 \times \frac{7}{8} = \frac{4\,\cancel{32} \times 7}{\cancel{8}\,1} = 28$

3. Résolvez comme vous le souhaitez.

   $\frac{3}{4} \times 60$

   $\frac{3}{4} \times 60 = \frac{3 \times 60}{4} = \frac{180}{4} = 45$

   $\frac{3}{4}$ heure = ___ minutes

   $\frac{3}{4}$ ***heure = 45 minutes***

   > Puisqu'il y a 60 minutes dans une heure, c'est l'expression que je peux utiliser pour trouver combien de minutes sont dans $\frac{3}{4}$ d'heure.

   > J'aurais pu résoudre en simplifiant avant de me multiplier. $\frac{3}{4} \times 60 = \frac{3 \times \cancel{60}\,15}{\cancel{4}\,1} = 45$

Nom ______________________________ Date ____________________

1. Réécrivez les expressions suivantes comme indiqué dans l'exemple.

   Exemple : $\frac{2}{3}+\frac{2}{3}+\frac{2}{3}+\frac{2}{3}=\frac{4\times 2}{3}=\frac{8}{3}$

   a. $\frac{5}{3}+\frac{5}{3}+\frac{5}{3}$

   b. $\frac{13}{5}+\frac{13}{5}$

   c. $\frac{9}{4}+\frac{9}{4}+\frac{9}{4}$

2. Résolvez chaque problème de deux manières différentes, comme modélisé dans l'exemple.

   Exemple : $\frac{2}{3}\times 6=\frac{2\times 6}{3}=\frac{12}{3}=4$ $\quad \frac{2}{3}\times 6=\frac{2\times \cancel{6}^{2}}{\cancel{3}_{1}}=4$

   a. $\frac{3}{4}\times 16$ $\quad \frac{3}{4}\times 16$

   b. $\frac{4}{3}\times 12$ $\quad \frac{4}{3}\times 12$

   c. $40\times \frac{11}{10}$ $\quad 40\times \frac{11}{10}$

   d. $\frac{7}{6}\times 36$ $\quad \frac{7}{6}\times 36$

   e. $24\times \frac{5}{8}$ $\quad 24\times \frac{5}{8}$

f. $18 \times \frac{5}{12}$ $18 \times \frac{5}{12}$

g. $\frac{10}{9} \times 21$ $\frac{10}{9} \times 21$

3. Résolvez chaque problème comme vous le souhaitez.

a. $\frac{1}{3} \times 60$ $\frac{1}{3}$ minute = __________ secondes

b. $\frac{4}{5} \times 60$ $\frac{4}{5}$ heure = __________ minutes

c. $\frac{7}{10} \times 1000$ $\frac{7}{10}$ kilogramme = __________ grammes

d. $\frac{3}{5} \times 100$ $\frac{3}{5}$ mètre = __________ centimètres

1. Convertir. Montrez votre travail à l'aide d'un diagramme à bande ou d'une équation.

a. $\frac{3}{4}$ année = _____ mois

$\frac{3}{4}$ **année** $= \frac{3}{4} \times 1$ **année**

Je peux penser à $\frac{3}{4}$ an comme $\frac{3}{4}$ à 1 an.

$= \frac{3}{4} \times 12$ **mois**

Je peux renommer 1 an en 12 mois.

$= \frac{36}{4}$ **mois**

$= 9$ **mois**

Je peux faire ça dans ma tête: $\frac{3}{4} \times 12 = \frac{3 \times 12}{4} = \frac{36}{4}$.

b. $\frac{5}{6}$ heure = minutes

$\frac{5}{6}$ *hour* $= \frac{5}{6} \times 1$ *hour*

$= \frac{5}{6} \times 60$ *minutes*

$= \frac{300}{6}$ *minutes*

$= 50$ *minutes*

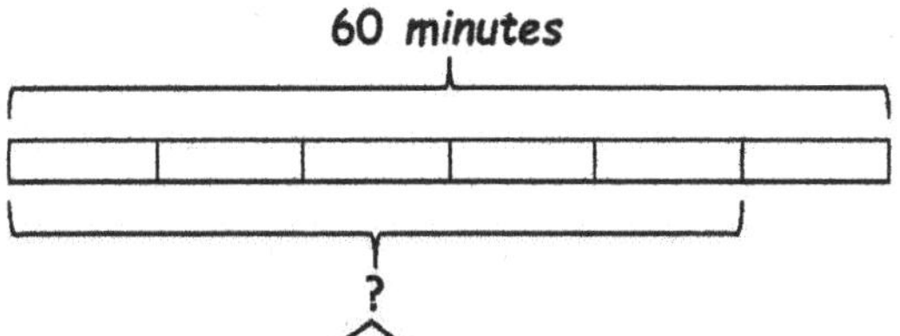

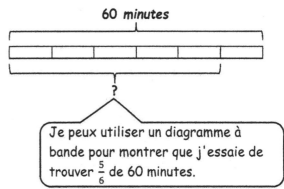

Je peux utiliser un diagramme à bande pour montrer que j'essaie de trouver $\frac{5}{6}$ de 60 minutes.

2. $\frac{2}{3}$ d'un mètre était peint en bleu. Combien de pieds de l'étalon ont été peints en bleu ?

$\frac{2}{3}$ *yard* = _____ *pieds*

$= \frac{2}{3} \times 1$ *yard*

$= \frac{2}{3} \times 3$ *yard*

$= \frac{6}{3}$ *pieds*

$= 2$ *pieds*

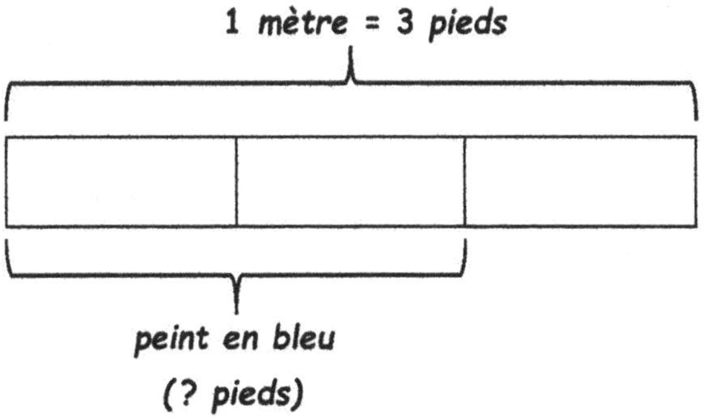

2 *les pieds de l'étalon sont peints en bleu.*

Nom ______________________________ Date ______________

1. Convertir. Montrez votre travail à l'aide d'un diagramme à bande ou d'une équation. Le premier a été fait pour toi.

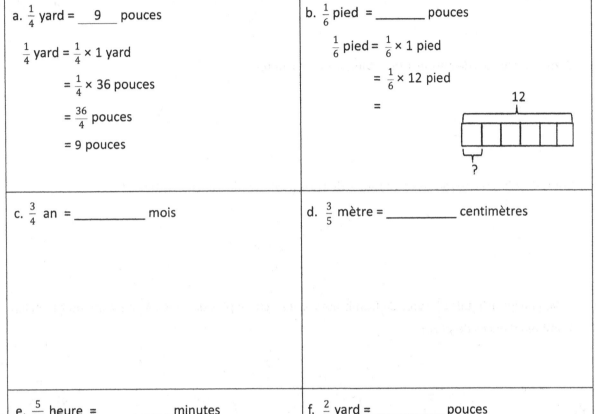

a. $\frac{1}{4}$ yard = ___9___ pouces

$\frac{1}{4}$ yard $= \frac{1}{4} \times 1$ yard

$= \frac{1}{4} \times 36$ pouces

$= \frac{36}{4}$ pouces

$= 9$ pouces

b. $\frac{1}{6}$ pied = _______ pouces

$\frac{1}{6}$ pied $= \frac{1}{6} \times 1$ pied

$= \frac{1}{6} \times 12$ pied

=

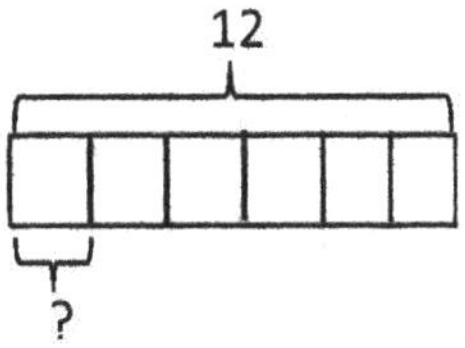

c. $\frac{3}{4}$ an = __________ mois

d. $\frac{3}{5}$ mètre = __________ centimètres

e. $\frac{5}{12}$ heure = __________ minutes

f. $\frac{2}{3}$ yard = __________ pouces

2. Michelle a mesuré la longueur de son avant-bras. C'était $\frac{3}{4}$ d'un pied. Quelle est la longueur de son avant-bras en pouces?

3. Au marché, Mme Winn a acheté $\frac{3}{4}$ lb de raisins et $\frac{5}{8}$ lb de cerises.

   a. Combien d'onces de raisin Mme Winn a-t-elle achetées ?

   b. Combien d'onces de cerises Mme Winn a-t-elle achetées ?

   c. Combien d'onces de raisins de plus que de cerises Mme Winn a-t-elle acheté ?

   d. Si M. Phillips achetait $1\frac{3}{4}$ livres de framboises, qui a acheté plus de fruits, Mme Winn ou M. Phillips ? Combien d'onces de plus ?

4. Un jardinier a 10 livres de terre. Il a utilisé $\frac{5}{8}$ du sol pour son jardin. Combien de livres de terre a-t-il utiliser dans le jardin? Combien de livres lui restait-il ?

Évaluer signifie résoudre, donc j'ai besoin de trouver la valeur de l'inconnu.

1. Écrivez des expressions correspondant aux diagrammes. Ensuite, évaluez.

a.

J'aurais aussi pu écrire $(23-8)\times\frac{1}{3}$. Les deux expressions sont correctes.

23 – 8, ou 15, est le tout.

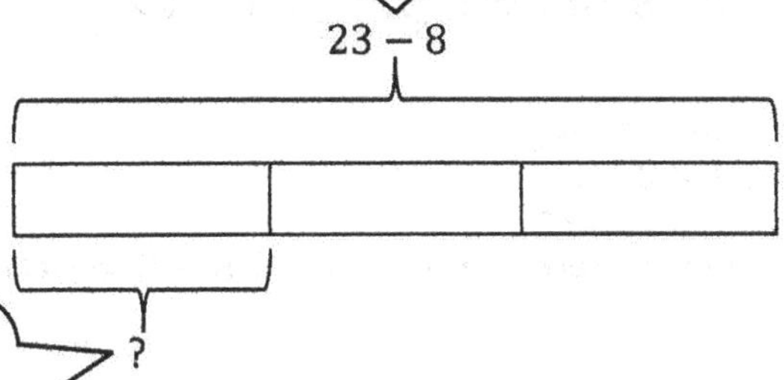

$\frac{1}{3}\times(23-8)$

$=\frac{1}{3}\times 15$

$=\frac{15}{3}$

$=5$

Le point d'interrogation ? montre que j'essaie de trouver 1 tiers de l'ensemble.

b.

Le point d'interrogation me dit que j'ai besoin de trouver la valeur de l'ensemble.

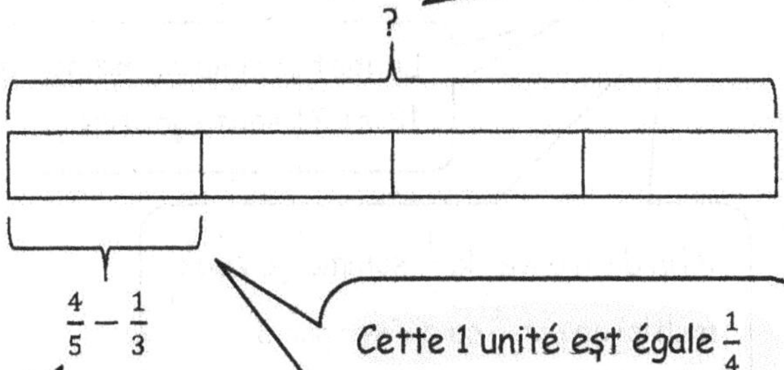

$4\times\left(\frac{4}{5}-\frac{1}{3}\right)$

$=4\times\left(\frac{12}{15}-\frac{5}{15}\right)$

$=4\times\frac{7}{15}$

$=\frac{28}{15}$

$=1\frac{13}{15}$

Cette 1 unité est égale $\frac{1}{4}$ à du tout. Si je le multiplie par 4, je peux trouver la valeur du tout.

Pour soustraire, je dois créer des unités similaires.

Je dois trouver la différence avant de multiplier par 4.

2. Entourez les expressions qui donnent le même produit que $4 \times \frac{2}{5}$. Explique comment tu le sais.

a. $5 \div (2 \times 4)$

Cette expression est égale à $5 \div 8$, non $8 \div 5$.

b. $2 \div 5 \times 4$ (entourée)

$2 \div 5$ est égal à $\frac{2}{5}$. $\frac{2}{5} \times 4 = 4 \times \frac{2}{5}$

c. $4 \times 2 \div 5$ (entourée)

Cette expression est égale à $8 \div 5$, laquelle est $\frac{8}{5}$ ou $1\frac{3}{5}$.

d. $4 \times \frac{5}{2}$

Cette expression a comme 4 l'un des facteurs, mais $\frac{5}{2}$ n'est pas équivalente à $\frac{2}{5}$.

> Je peux déterminer quelles expressions sont équivalentes à $4 \times \frac{2}{5}$ sans évaluer. Cependant, pour vérifier ma pensée, je peux résoudre. $4 \times \frac{2}{5} = \frac{4 \times 2}{5} = \frac{8}{5} = 1\frac{3}{5}$

3. Écrivez une expression à faire correspondre, puis évaluez.

a. $\frac{1}{3}$ la somme de 12 et 210

> Le mot somme m'indique que 12 et 21 sont ajoutés.

> Afin de trouver la $\frac{1}{3}$ somme, je peux multiplier par $\frac{1}{3}$ ou diviser par 3.

$$\frac{1}{3} \times (12 + 21)$$
$$= \frac{1}{3} \times 33$$
$$= \frac{33}{3}$$
$$= 11$$

b. Soustraire 5 de $\frac{1}{7}$ sur 49.

> Je dois faire attention à la soustraction! Même si le début de l'expression dit de soustraire 5, je dois $\frac{1}{7}$ d'abord trouver 49.

$$\frac{1}{7} \times 49 - 5$$
$$= \frac{49}{7} - 5$$
$$= 7 - 5$$
$$= 2$$

EUREKA MATH

4. Utilisation $<$, $>$, ou $=$ pour faire des phrases de nombres vrais sans calculer Explique ton raisonnement.

a. $(17 \times 41) + \frac{5}{4}$ (<) $\frac{7}{4} + (17 \times 41)$

Puisque les deux expressions (17×41), montrent, je n'ai qu'à comparer les pièces ajoutées à ce produit.

$\frac{5}{4} < \frac{7}{4}$. Par conséquent, l'expression de gauche est inférieure à l'expression de droite.

Dans les deux expressions, l'un des facteurs est $\frac{3}{4}$ que je n'ai qu'à comparer les autres facteurs.

Je le sais $15 + 18 = 33$ et $3 \times 11 = 33$. les seconds facteurs sont également équivalents.

b. $\frac{3}{4} \times (15 + 18)$ (=) $(3 \times 11) \times \frac{3}{4}$

Puisque les deux facteurs sont équivalents, ces expressions sont égales.

Nom ______________________________ Date ________________

1. Écrivez des expressions correspondant aux diagrammes. Ensuite, évaluez.

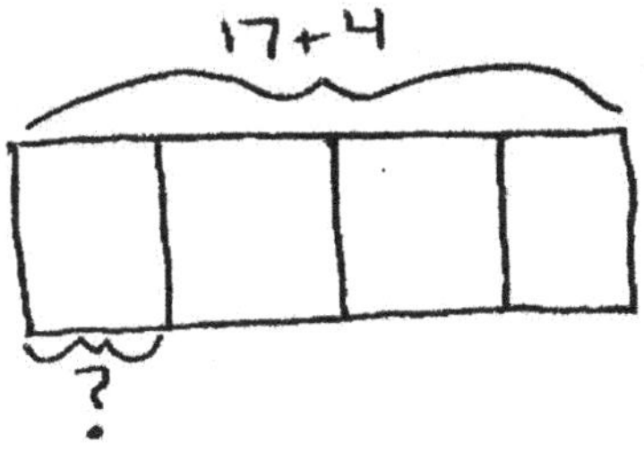

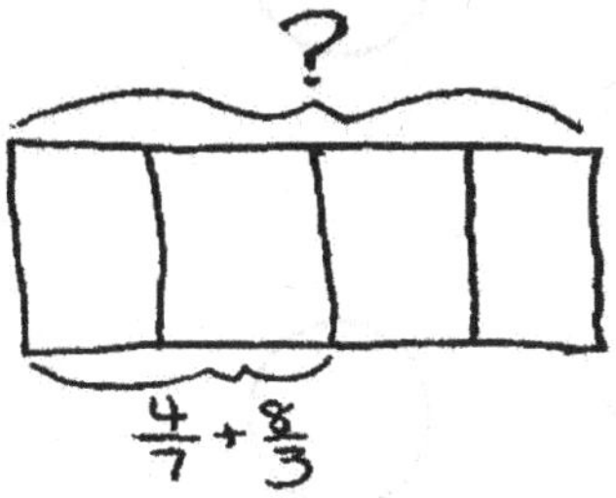

2. Entourez les expressions qui donnent le même produit que $6 \times \frac{3}{8}$. Explique comment tu le sais.

$8 \div (3 \times 6)$ $3 \div 8 \times 6$ $(6 \times 3) \div 8$ $(8 \div 6) \times 3$ $6 \times \frac{8}{3}$ $\frac{3}{8} \times 6$

3. Écrivez une expression à faire correspondre, puis évaluez.

a. $\frac{1}{8}$ la somme de 23 et 17

b. Soustraire 4 de $\frac{1}{6}$ sur 42.

c. 7 fois plus que la somme de $\frac{1}{3}$ et $\frac{4}{5}$

d. $\frac{2}{3}$ du produit de $\frac{3}{8}$ et 16

e. 7 exemplaires de la somme de 8 cinquièmes et 4

f. 15 fois plus de 1 cinquième sur 12

4. Utilisation < , > , ou = pour faire des phrases de nombres vrais sans calculer Explique ton raisonnement.

a. $\frac{2}{3} \times (9 + 12)$ ◯ $15 \times \frac{2}{3}$

b. $\left(3 \times \frac{5}{4}\right) \times \frac{3}{5}$ ◯ $\left(3 \times \frac{5}{4}\right) \times \frac{3}{8}$

c. $6 \times \left(2 + \frac{32}{16}\right)$ ◯ $(6 \times 2) + \frac{32}{16}$

5. Fantine achetait de la farine pour sa boulangerie chaque mois et a enregistré le montant dans le tableau à droite. Pour (a) - (c), écrire une expression qui enregistre le calcul décrit. Ensuite, résolvez pour trouver les données manquantes dans le table.

Mois	Montant (en livres)
Janvier	3
Février	2
Mars	$1\frac{1}{4}$
Avril	
Mai	$\frac{9}{8}$
Juin	
Juillet	$1\frac{1}{4}$
Août	
Septembre	$\frac{11}{4}$
Octobre	$\frac{3}{4}$

a. Elle a acheté $\frac{3}{4}$ du total de janvier en août.

b. Elle a acheté $\frac{7}{8}$ autant en avril qu'en octobre et juillet réunis.

EUREKA MATH

c. En juin, elle a acheté $\frac{1}{8}$ livre moins de trois fois plus qu'elle a acheté en mai.

d. Affichez les données de la table dans un graphique linéaire.

e. Combien de livres de farine Fantine a-t-elle achetées de janvier à octobre ?

Utilisez la méthode RDW pour résoudre.

1. Janice et Adam ont préparé un 1 livre paquet d'épinards. Janice a mangé $\frac{1}{2}$ des épinards, et Adam a mangé $\frac{1}{4}$ des épinards. Quelle fraction du colis restait-il? Combien d'onces restait-il?

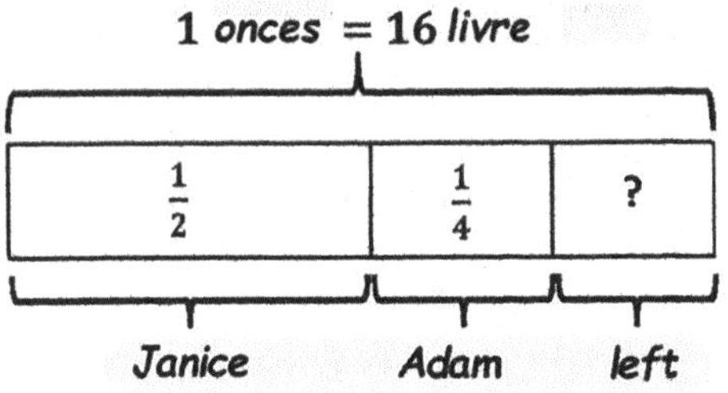

Je peux ajouter les parties que Janice et Adam ont mangées ensemble pour découvrir ce qui reste.

$\frac{1}{2} + \frac{1}{4}$

$= \frac{4}{8} + \frac{2}{8}$

$= \frac{6}{8}$

$1 - \frac{6}{8} = \frac{2}{8}$

$\frac{2}{8}$ du paquet a été laissé.

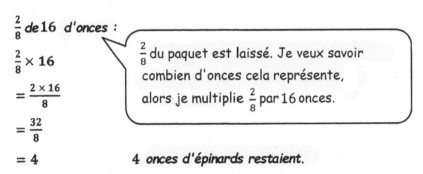

$\frac{2}{8}$ de 16 d'onces :

$\frac{2}{8} \times 16$

$= \frac{2 \times 16}{8}$

$= \frac{32}{8}$

$= 4$

$\frac{2}{8}$ du paquet est laissé. Je veux savoir combien d'onces cela représente, alors je multiplie $\frac{2}{8}$ par 16 onces.

4 onces d'épinards restaient.

2. À l'aide du diagramme ci-dessous, créez un problème d'histoire sur une école. Votre histoire doit inclure une fraction.

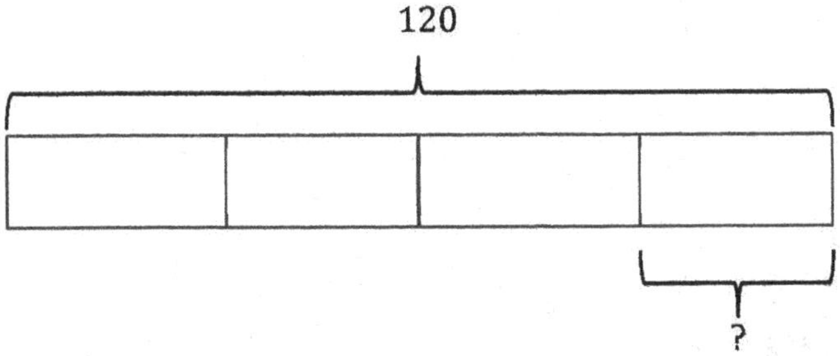

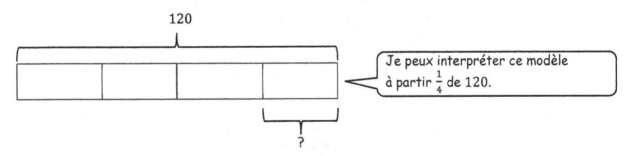

Je peux interpréter ce modèle à partir $\frac{1}{4}$ de 120.

L'école primaire Crestview a 120 cinquième année. Les trois quarts d'entre eux prennent le bus pour aller à l'école. le reste des élèves de cinquième année à pied à l'école. À quelle fraction des élèves de cinquième année marchent école?

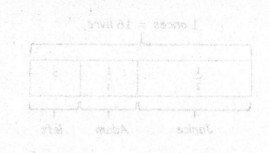

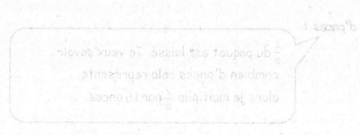

Nom ______________________________ Date ______________

1. La mère de Jenny dit qu'elle a une heure avant l'heure du coucher. Jenny passe $\frac{1}{3}$ de l'heure en envoyant un SMS à un ami et $\frac{1}{4}$ du temps se brosser les dents et mettre son pyjama. Elle passe le reste du temps à lire son livre. Combien de minutes Jenny a-t-elle lu ?

2. A-Plus Auto Body peint des dessins sur la voiture d'un client. Ils avaient 18 pintes de peinture bleue sous la main. Ils ont utilisé $\frac{1}{2}$ de lui pour les flammes et $\frac{1}{3}$ de celui-ci pour les étincelles. Ils ont besoin $7\frac{3}{4}$ pintes de peinture bleue pour peindre le prochain dessin. Combien de pintes supplémentaires de peinture bleue devront-ils acheter ?

3. Giovanna, Frances et leur père ont chacun transporté un sac de 10 livres de terre dans la cour. Après avoir mis de la terre dans le premier parterre de fleurs, le sac de Giovanna était $\frac{5}{8}$ plein, le sac de Frances était $\frac{2}{5}$ plein, et celui de leur père était $\frac{3}{4}$ plein. Combien de livres de terre ont-ils mis en tout dans le premier parterre de fleurs?

4. M. Chan a préparé 252 biscuits pour la vente annuelle de pâtisseries de cinquième catégorie. Ils ont vendu $\frac{3}{4}$ d'entre eux, et $\frac{3}{9}$ des cookies restants ont été donnés à PTA. membres. M. Chan a permis aux 12 aides-étudiants de répartir également les biscuits qui restaient. Combien de cookies chaque élève recevra-t-il ?

5. À l'aide du diagramme ci-dessous, créez un problème d'histoire sur une ferme. Votre histoire doit inclure une fraction.

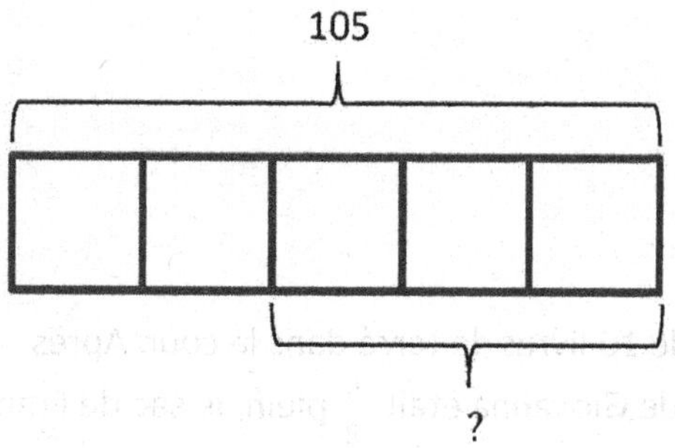

Résolvez en utilisant la méthode RDW (Read, Draw, Write).

1. Beth a couru sa jambe d'une course de relais en $\frac{3}{5}$ le temps qu'il a fallu à Margaret. Wayne a couru sa jambe de la course de relais en $\frac{2}{3}$ le temps qu'il a fallu à Beth. Margaret a terminé la course en 30 minutes. Combien de temps a-t-il fallu à Wayne pour terminer sa partie de la course ?

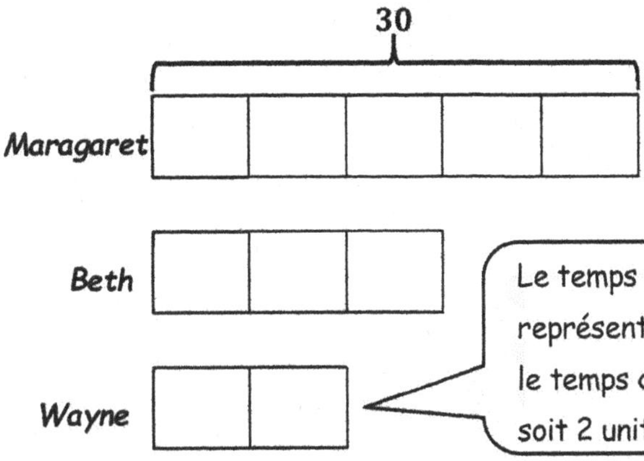

Puisque le temps de Beth était celui de $\frac{3}{5}$ Margaret, je peux partager le temps de Margaret en 5 unités égales. Maintenant, je peux montrer que le temps de Beth est $\frac{3}{5}$ celui de Margaret.

Le temps de Wayne était $\frac{2}{3}$ celui de Beth. 3 unités représentent le temps de Beth, donc je peux montrer le temps de Wayne avec 2 unités $\frac{2}{3}$ de 3 unités soit 2 unités.

5 unités $= 30$

1 unité $= 30 \div 5 = 6$

Je peux utiliser ma bande diagra m pour m'aider à résoudre. Je sais que Margaret a terminé en 30 minutes; par conséquent, les 5 unités représentant le temps de Margaret sont égales à 30 minutes.

Je peux visualiser chaque unité dans le diagramme ta pe d'une durée égale à 6 minutes.

2 unités $= 2 \times 6 = 12$

Wayne a terminé la course en 12 minutes.

Le temps de Wayne est égal à 2 unités de 6 minutes chacune, soit 12 minutes.

2. Créer un problème d'histoire sur un frère et une sœur et de l'argent qu'ils dépensent dans une épicerie dont la solution est donnée par l'expression $\frac{1}{3} \times (7 + 8)$.

Deux frères et sœurs sont allés dans une $7.00, épicerie fine $8.00. La sœur et son frère avaient dépensé un tiers de leur argent combiné. Combien d'argent ont-ils dépensé dans la charcuterie?

Les parenthèses me disent d'ajouter d'abord. Dans mon problème d'histoire, j'ai écrit que les frères et sœurs combinaient leur argent.

Nom ______________________________ Date ______________

1. Terrence a terminé une recherche de mots dans $\frac{3}{4}$ le temps qu'il a fallu à Frank. Charlotte a terminé la recherche de mots dans $\frac{2}{3}$ le temps qu'il a fallu à Terrence. Frank a terminé la recherche de mots en 32 minutes. Combien de temps a-t-il fallu à Charlotte pour terminer la recherche de mots ?

2. Mme Phillips a commandé 56 pizzas pour une collecte de fonds à l'école. Parmi les pizzas commandées, $\frac{2}{7}$ parmi eux, des pepperoni, 19 du fromage et le reste des pizzas végétariennes. Quelle fraction des pizzas était végétarienne?

3. Dans un auditorium, des élèves sont en cinquième année, $\frac{1}{3}$ sont des élèves $\frac{1}{4}$ de quatrième année, et $\frac{1}{6}$ des étudiants restants sont des élèves de deuxième année. S'il y a 96 élèves dans l'auditorium, combien y a-t-il d'élèves de deuxième année?

4. Lors d'une compétition sur piste, Jacob et Daniel s'affrontent dans le 220 m haies. Daniel termine en $\frac{3}{4}$ d'une minute. Jacob termine avec $\frac{5}{12}$ d'une minute restante. Qui a couru la course le plus rapidement ?

Bonus : exprimez la différence de leur temps en une fraction de minute.

5. Créez et résolvez un problème d'histoire sur un coureur qui s'entraîne pour une course. Inclure au moins une fraction dans ton histoire.

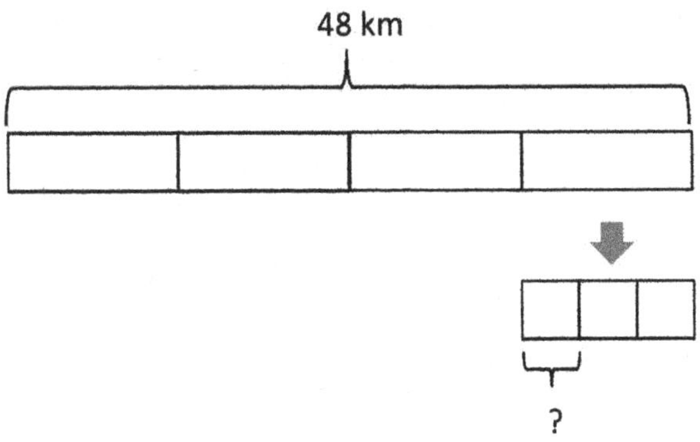

6. Créer et résoudre un problème d'histoire sur deux amis et leur allocation hebdomadaire dont la solution est donnée par l'expression $\frac{1}{5} \times (12+8)$.

1. Résoudre. Dessinez un modèle de fraction rectangulaire pour montrer votre réflexion.

a. Moitié de $\frac{1}{4}$ casserole de brownies

Le problème me dit que j'ai $\frac{1}{4}$ de casserole de brownies. Je peux dessiner un pan entier. Ensuite, je peux ombrer et étiqueter $\frac{1}{4}$ de la casserole.

Moitié de $\frac{1}{4} = \frac{1}{8}$

$\frac{1}{2} \times \frac{1}{4} = \frac{1}{8}$

Voir le mot de me rappelle la troisième année quand j'ai appris que 2 x 3 signifiait 2 groupes de 3.

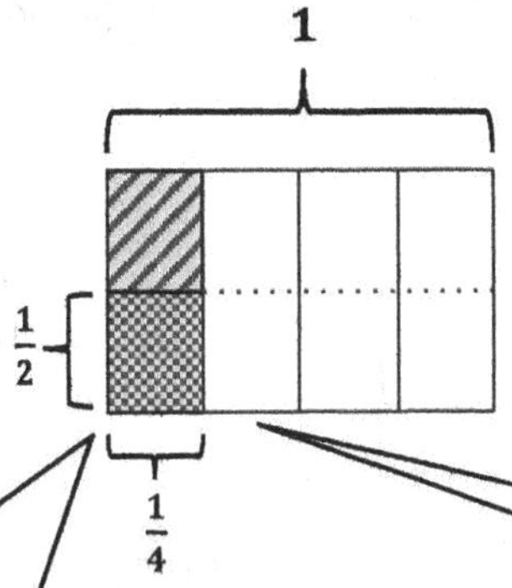

Puisque je veux modéliser 1 moitié du quatrième d'une casserole, je peux partitionner le quatrième en 2 parties égales, ou moitiés.
Je peux ombrer $\frac{1}{2}$ du $\frac{1}{4}$.

Mon modèle me montre que $\frac{1}{2}$ de $\frac{1}{4}$ est égal à $\frac{1}{8}$ de la casserole de brownies.

b. $\frac{1}{4} \times \frac{1}{4}$

$\frac{1}{4} \times \frac{1}{4} = \frac{1}{16}$

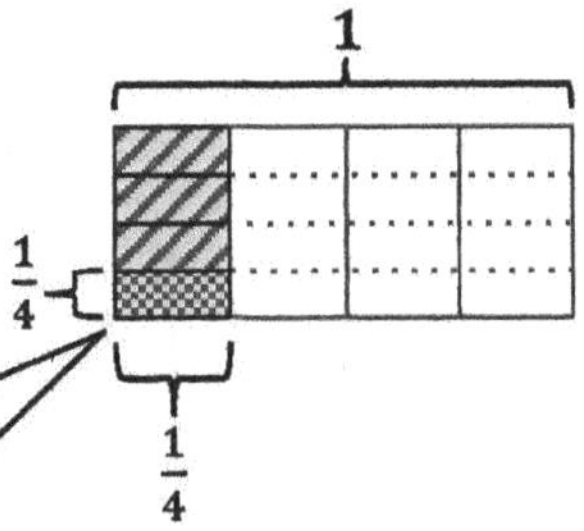

La partie à double ombrage montre $\frac{1}{4}$ de $\frac{1}{4}$.

$\frac{1}{4}$ de $\frac{1}{4} = \frac{1}{16}$

2. La famille Guerra utilise $\frac{3}{4}$ de leur cour pour une piscine. $\frac{1}{3}$ de la cour restante est utilisée pour un potager. Le reste de la cour est en herbe. Quelle fraction de toute la cour arrière est destinée au potager ? Fais un dessin pour appuyer ta réponse.

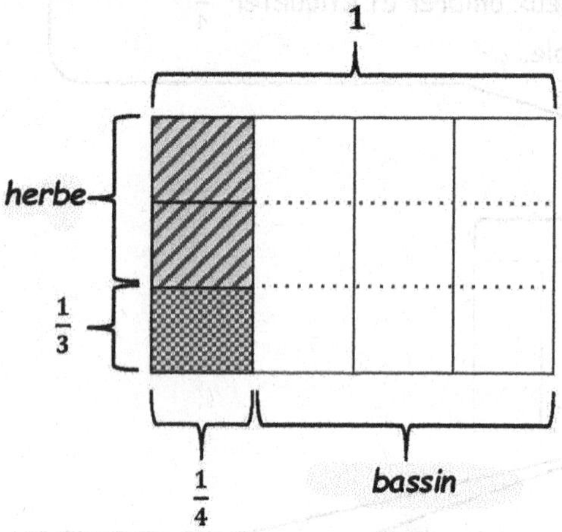

Puisque $\frac{3}{4}$ de la cour arrière est une piscine, cela signifie que $\frac{1}{4}$ de la cour arrière n'est pas une piscine.

$$\frac{1}{3} \times \frac{1}{4} = \frac{1}{12}$$

$\frac{1}{12}$ *de la cour est un potager.*

Nom ______________________________ Date ______________________

1. Résous. Dessinez un modèle de fraction rectangulaire pour montrer votre réflexion.

a. Moitié de $\frac{1}{2}$ gâteau = _____ gâteau.

b. Un tiers de $\frac{1}{2}$ gâteau = _____ gâteau.

c. $\frac{1}{4}$ of $\frac{1}{2}$

d. $\frac{1}{2} \times \frac{1}{5}$

e. $\frac{1}{3} \times \frac{1}{3}$

f. $\frac{1}{4} \times \frac{1}{3}$

2. Noah tond $\frac{1}{2}$ de sa propriété et laisse le reste sauvage. Il décide d'utiliser $\frac{1}{5}$ de la zone sauvage pour un potager. Quelle fraction de la propriété est utilisée pour le jardin ? Fais un dessin pour appuyer ta réponse.

3. Plantes fauves $\frac{1}{2}$ du jardin avec des légumes. Son fils plante le reste du jardin. Il décide de utilisation $\frac{2}{3}$ de son espace pour planter des fleurs, et dans le reste, il plante des herbes. Quelle fraction de tout le jardin est planté en fleurs ? Fais un dessin pour appuyer ta réponse.

4. Diego mange $\frac{1}{5}$ d'une miche de pain chaque jour. Mardi, Diego mange $\frac{1}{4}$ de la portion de la journée avant le déjeuner. Quelle fraction du pain entier Diego mange-t-il avant le déjeuner mardi ? Dessinez un modèle de fraction rectangulaire pour soutenir votre réflexion.

1. Résous. Dessinez un modèle de fraction rectangulaire pour expliquer votre réflexion.

   a. $\frac{1}{3}$ de $\frac{3}{5}$ = $\frac{1}{3}$ de __3__ cinquièmes = __1__ cinquième

$\frac{1}{3}$ de 3 est 1

$\frac{1}{3}$ de 3 bananes équivaut à 1 banane.

$\frac{1}{3}$ des 3 cinquièmes est 1 cinquième.

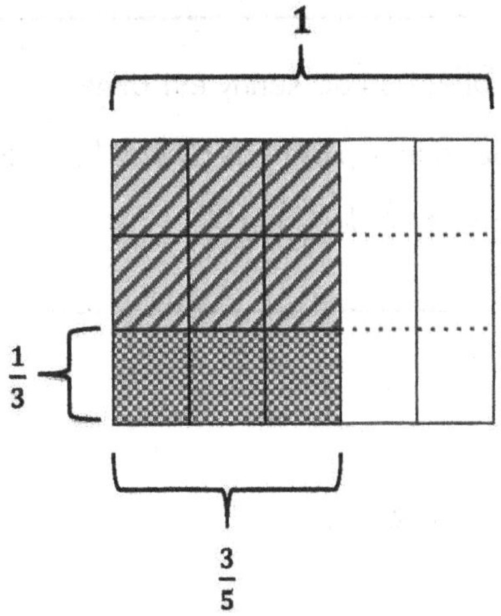

$$\frac{1}{3} \times \frac{3}{5} = \frac{3}{15} = \frac{1}{5}$$

Je peux modéliser $\frac{3}{5}$ en partitionnant d'abord verticalement. Ensuite, pour afficher $\frac{1}{3}$ de $\frac{3}{5}$, je peux partitionner avec des lignes horizontales.

   b. $\frac{1}{2} \times \frac{3}{4}$

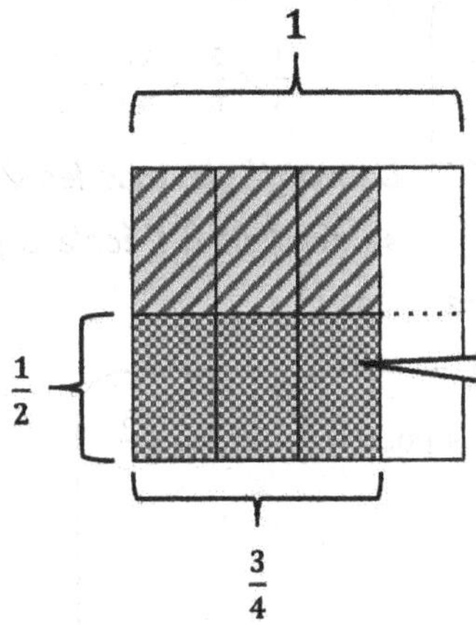

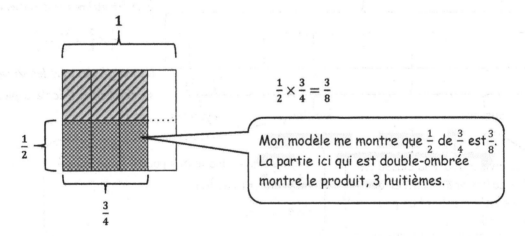

$$\frac{1}{2} \times \frac{3}{4} = \frac{3}{8}$$

Mon modèle me montre que $\frac{1}{2}$ de $\frac{3}{4}$ est $\frac{3}{8}$. La partie ici qui est double-ombrée montre le produit, 3 huitièmes.

2. Kenny recueille des pièces. $\frac{3}{5}$ de sa collection est dimes. $\frac{1}{2}$ des pièces restantes sont des quarts. Quelle fraction de Toute la collection de Kenny est quarts ? Soutenez votre réponse avec un modèle.

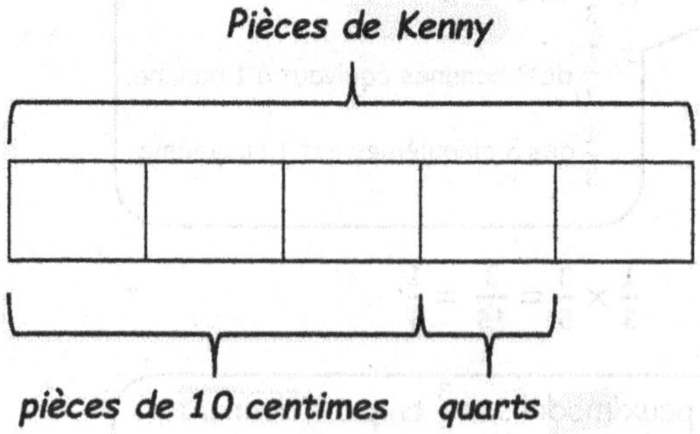

Puisque $\frac{3}{5}$ de la collection de Kenny est dimes, alors $\frac{2}{5}$ de la collection ne sont pas dimes. 1 moitié de ce $\frac{2}{5}$ est un quart. $\frac{1}{2}$ de $\frac{2}{5}$ est $\frac{1}{5}$.

$$\frac{1}{2} \times \frac{2}{5} = \frac{2}{10} = \frac{1}{5}$$

Un cinquième de la collection de pièces de Kenny est constitué de quarts.

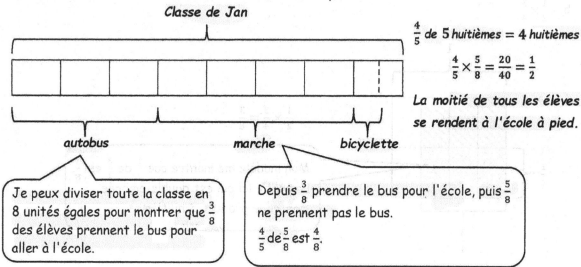

3. Dans la classe de Jan, $\frac{3}{8}$ des élèves prennent le bus pour aller à l'école. $\frac{4}{5}$ des non-autobus marchent à l'école. La moitié de les autres élèves se rendent à l'école à vélo.

a. Quelle fraction de tous les élèves se rendent à l'école à pied ?

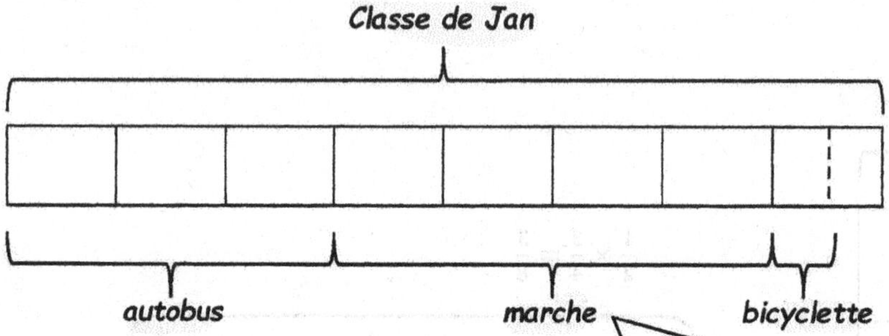

$\frac{4}{5}$ de 5 huitièmes = 4 huitièmes

$$\frac{4}{5} \times \frac{5}{8} = \frac{20}{40} = \frac{1}{2}$$

La moitié de tous les élèves se rendent à l'école à pied.

Je peux diviser toute la classe en 8 unités égales pour montrer que $\frac{3}{8}$ des élèves prennent le bus pour aller à l'école.

Depuis $\frac{3}{8}$ prendre le bus pour l'école, puis $\frac{5}{8}$ ne prennent pas le bus. $\frac{4}{5}$ de $\frac{5}{8}$ est $\frac{4}{8}$.

b. Quelle fraction de tous les élèves se rendent à l'école à vélo ?

$$\frac{1}{2} \text{ de } \frac{1}{8} = \frac{1}{16}$$

$\frac{1}{16}$ de tous les élèves se rendent à l'école à vélo.

Après avoir étiqueté les unités qui représentent les élèves qui marchent ou qui se rendent à l'école en autobus, il ne restait plus qu'une unité, soit $\frac{1}{8}$ de la classe. La moitié de ces élèves se rendent à l'école à vélo.

Nom ______________________________ Date ____________________

1. Résous. Dessinez un modèle de fraction rectangulaire pour expliquer votre réflexion.

a. $\frac{1}{2}$ de $\frac{2}{3}$ = $\frac{1}{2}$ de____ tier(s) = ____ tier(s)

b. $\frac{1}{2}$ de $\frac{4}{3}$ = $\frac{1}{2}$ de____ tier(s) = ____ tier(s)

c. $\frac{1}{3} \times \frac{3}{5} =$

d. $\frac{1}{2} \times \frac{6}{8} =$

e. $\frac{1}{3} \times \frac{4}{5} =$

f. $\frac{4}{5} \times \frac{1}{3} =$

2. Sarah a un blog de photographie. $\frac{3}{7}$ de ses photos sont de la nature. $\frac{1}{4}$ du reste sont de ses amis. Quoi une fraction de toutes les photos de Sarah est de ses amis ? Soutenez votre réponse avec un modèle.

3. À la boulangerie Laurita, $\frac{3}{5}$ des pâtisseries sont des tartes et le reste des gâteaux. $\frac{1}{3}$ des tartes sont à la noix de coco. $\frac{1}{6}$ de les gâteaux sont de la nourriture des anges.

   a. Quelle fraction de tous les produits de boulangerie de Laurita's Bakery sont des tartes à la noix de coco ?

   b. Quelle fraction de tous les produits de boulangerie de Laurita's Bakery sont des gâteaux des anges ?

4. Grand-père Mick a ouvert une pinte de glace. Il a donné son plus jeune petit-enfant $\frac{1}{5}$ de la glace et de son petit-enfant du milieu $\frac{1}{4}$ de la glace restante. Puis, il a donné à son plus vieux petit-fils $\frac{1}{3}$ de la glace cela a été laissé après avoir servi les autres.

   a. Qui a le plus de glaces ? Comment le savez-vous ? Dessinez une image pour soutenir votre raisonnement.

   b. Quelle fraction de la pinte de glace restera si grand-père Mick se sert la même quantité que le deuxième petit-enfant ?

1. Résoudre. Dessinez un modèle de fraction rectangulaire pour expliquer votre réflexion. Ensuite, écrivez une phrase de multiplication.

$\frac{2}{5}$ of $\frac{2}{3}$

$\frac{2}{5} \times \frac{2}{3} = \frac{4}{15}$

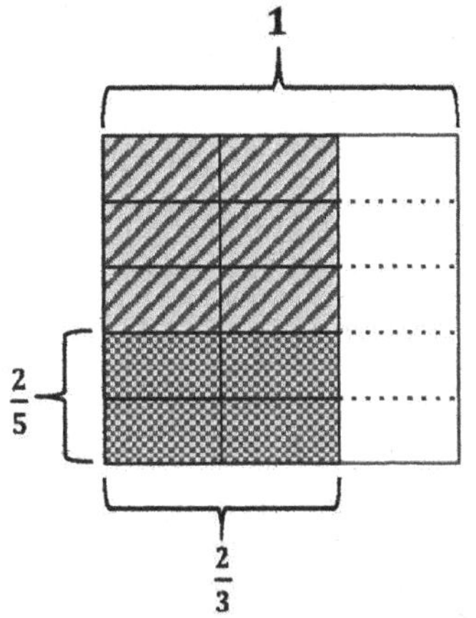

2. Multiplies.

a. $\frac{3}{8} \times \frac{2}{5}$

Le 2 du numérateur et le 8 du dénominateur ont un facteur commun de 2.
$2 \div 2 = 1$ et $8 \div 2 = 4$

$$\frac{3}{8} \times \frac{2}{5} = \frac{3 \times \cancel{2}^{1}}{_{4}\cancel{8} \times 5} = \frac{3}{20}$$

Maintenant, le numérateur est 3×1, et le dénominateur est 4×5.

b. $\frac{2}{5} \times \frac{10}{12}$

J'ai pu renommer cette fraction deux fois avant de la multiplier. 5 et 10 ont un facteur commun de 5.

$$\frac{2}{5} \times \frac{10}{12} = \frac{^{1}\cancel{2} \times \cancel{10}^{2}}{_{1}\cancel{5} \times \cancel{12}_{6}} = \frac{2}{6}$$

Et 2 et 12 ont un facteur commun de 2.

Maintenant le numérateur est 1×2, et le dénominateur est 1×6.

Nom ______________________________ Date ______________

1. Résous. Dessinez un modèle de fraction rectangulaire pour expliquer votre réflexion. Ensuite, écrivez une phrase de multiplication.

a. $\frac{2}{3} \times \frac{3}{4} =$

b. $\frac{2}{5} \times \frac{3}{4} =$

c. $\frac{2}{5} \times \frac{4}{5} =$

d. $\frac{4}{5} \times \frac{3}{4} =$

2. Multiplie. Dessinez un modèle de fraction rectangulaire si cela vous aide.

a. $\frac{5}{6} \times \frac{3}{10}$

b. $\frac{3}{4} \times \frac{4}{5}$

c. $\frac{5}{6} \times \frac{5}{8}$

d. $\frac{3}{4} \times \frac{5}{12}$

e. $\frac{8}{9} \times \frac{2}{3}$

f. $\frac{3}{7} \times \frac{2}{9}$

3. Chaque matin, Halle va à l'école avec une bouteille d'un litre d'eau. Elle boit $\frac{1}{4}$ de la bouteille avant la rentrée et $\frac{2}{3}$ du reste avant le déjeuner.

   a. Quelle fraction de la bouteille Halle boit-elle après la rentrée mais avant le déjeuner?

   b. Combien de millilitres reste-t-il dans la bouteille au déjeuner?

4. Moussa $\frac{3}{8}$ livré des journaux sur son parcours dans la première heure et $\frac{4}{5}$ du reste dans la deuxième heure. Quelle fraction des journaux Moussa a-t-il livrés dans la deuxième heure?

5. Rose a acheté des épinards. Elle utilisait $\frac{3}{5}$ des épinards sur une casserole de tarte aux épinards pour une fête et $\frac{3}{4}$ des épinards restants pour une casserole pour sa famille. Elle a utilisé le reste des épinards pour faire une salade.

   a. Quelle fraction d'épinards a-t-elle utilisée pour faire la salade ?

   b. Si Rose a utilisé 3 livres d'épinards pour faire le plat de tarte aux épinards pour des épinards Rose a-t-elle utilisé pour faire la salade ?

Résolvez et montrez votre réflexion avec un diagramme en bande.

1. Heidi avait 6 livres de tomates de son jardin. Elle utilisait $\frac{3}{4}$ de toutes les tomates pour faire la sauce et a donné $\frac{2}{3}$ du reste des tomates à sa voisine. Combien d'onces de tomates Heidi lui a-t-elle données voisin?

1 livre = 16 onces

6 livres = 6 × 16 onces = 96 onces

Après avoir fait la sauce, Heidi a donné $\frac{2}{3}$ du reste des tomates à sa voisine.

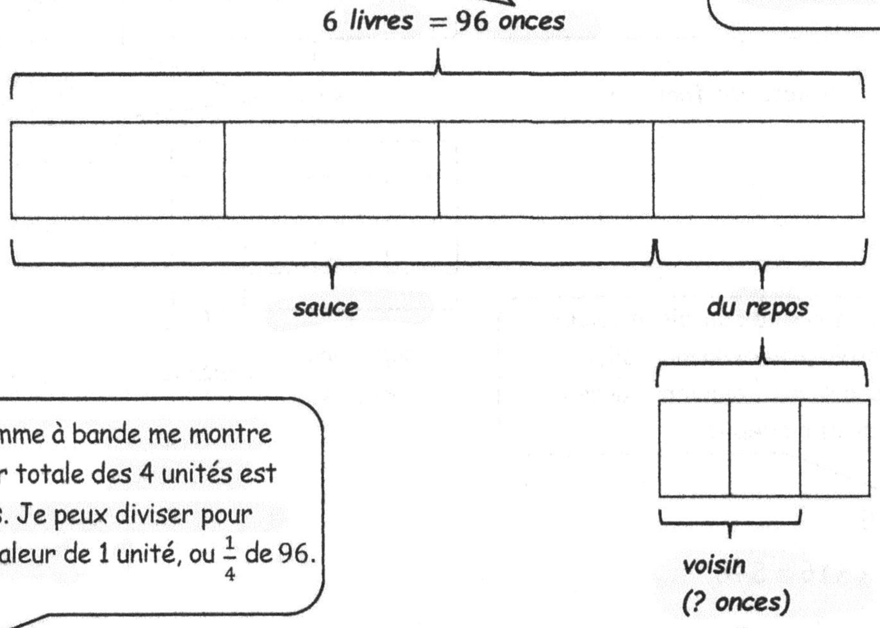

Mon diagramme à bande me montre que la valeur totale des 4 unités est de 96 onces. Je peux diviser pour trouver la valeur de 1 unité, ou $\frac{1}{4}$ de 96.

***4 unités* = 96**

1 *unité* = 96 ÷ 4 = 24

Maintenant, je sais qu'il restait à Heidi 24 onces de tomates après avoir fait la sauce.

$\frac{2}{3}$ de 24 $= \frac{2 \times 24}{3} = \frac{48}{3} = 16$

Je peux trouver $\frac{2}{3}$ de 24 et savoir combien d'onces Heidi a donné à sa voisine.

Quand je regarde mon modèle, je peux penser à cela d'une autre manière. Heidi a donné $\frac{2}{3}$ de $\frac{1}{4}$ à sa voisine.

$\frac{2}{3} \times \frac{1}{4} = \frac{2}{12} = \frac{1}{6}$

Heidi a donné $\frac{1}{6}$ de toutes les tomates à sa voisine.

$\frac{1}{6}$ de 96 = 16

Heidi a donné à sa voisine 16 onces de tomates.

2. Tracey a passé $\frac{2}{3}$ de son argent sur les billets de cinéma et $\frac{3}{4}$ de l'argent restant sur le pop-corn et l'eau. Si elle avait $4 reste, combien d'argent avait-elle au début?

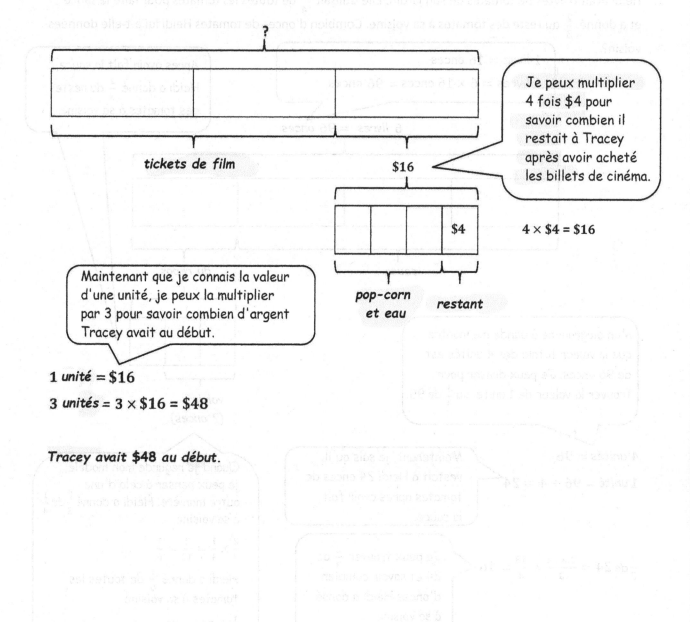

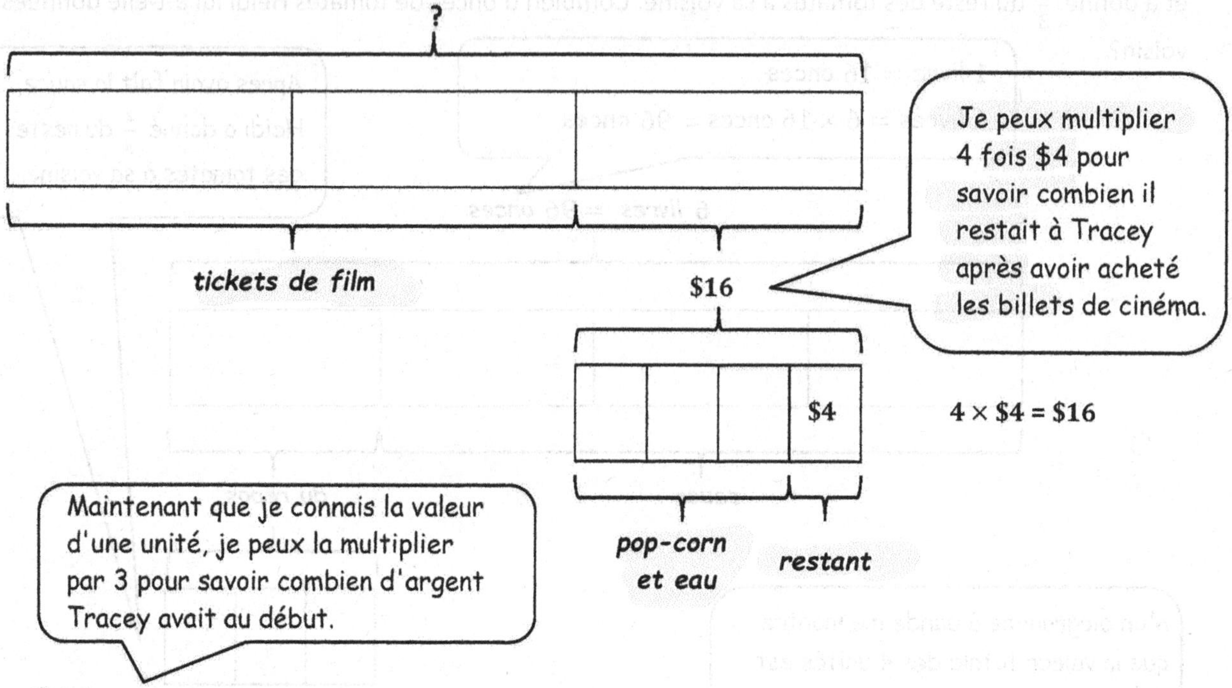
?
tickets de film
$16
Je peux multiplier 4 fois $4 pour savoir combien il restait à Tracey après avoir acheté les billets de cinéma.
$4
pop-corn et eau
restant
Maintenant que je connais la valeur d'une unité, je peux la multiplier par 3 pour savoir combien d'argent Tracey avait au début.

$4 \times \$4 = \$16$

1 *unité* = $16

3 *unités* = $3 \times \$16 = \$48$

Tracey avait $48 au début.

Nom ______________________________ Date ______________

Résolvez et montrez votre réflexion avec un diagramme en bande.

1. Anthony a acheté une planche de 8 pieds. Il a coupé $\frac{3}{4}$ du conseil d'administration pour construire une étagère et a donné $\frac{1}{3}$ du reste à son frère pour un projet artistique. Combien de pouces de long la pièce qu'Anthony a-t-elle donnée à son frère?

2. L'école primaire Riverside organise une élection à l'échelle de l'école pour choisir une couleur d'école. Cinq huitièmes de les votes étaient pour le bleu, $\frac{5}{9}$ des votes restants étaient pour le vert, et les 48 votes restants étaient pour rouge.

   a. Combien de votes étaient pour le bleu?

   b. Combien de votes ont été pour le vert?

c. Si chaque élève a obtenu un vote, mais qu'il y avait 25 élèves absents le jour du vote, combien d'élèves y a-t-il à l'école primaire Riverside ?

d. Sept dixièmes des voix pour le bleu ont été faites par des filles. Les filles qui ont voté pour le bleu ont-elles représenté plus ou moins de la moitié de tous les votes ? Soutenez votre raisonnement avec une image.

e. Combien de filles ont voté pour le bleu ?

1. Multipliez et modélisez. Réécrivez chaque expression comme une phrase de multiplication avec des facteurs décimaux.

a. $\frac{3}{10} \times \frac{2}{10}$

$= \frac{3 \times 2}{10 \times 10}$

$= \frac{6}{100}$

En multipliant les fractions, je multiplie les deux numérateurs, 3×2 et les deux dénominateurs, 10×10, pour obtenir $\frac{6}{100}$.

Puisque la grille entière représente 1, chaque carré représente $\frac{1}{100}$. 10 carrés est égal à $\frac{1}{10}$.

J'ombrage en $\frac{2}{10}$ (20 carrés verticalement)

J'ombrage en $\frac{3}{10}$ de $\frac{2}{10}$ (6 carrés).

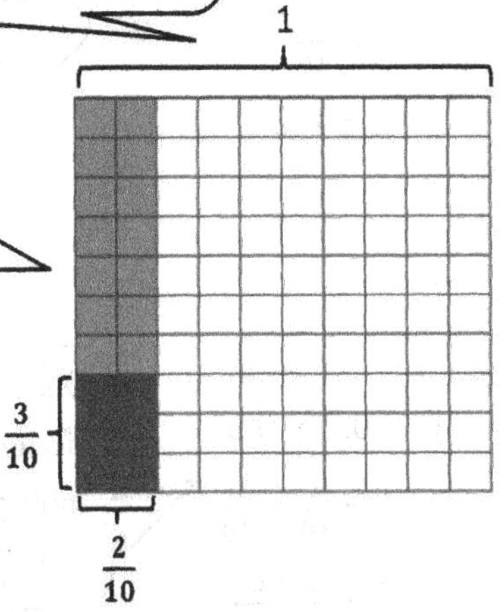

b. $\frac{3}{10} \times 1.2$

$= \frac{3}{10} \times \frac{12}{10}$

$= \frac{3 \times 12}{10 \times 10}$

$= \frac{36}{100}$

Je renomme 1,2 comme une fraction supérieure à un, $\frac{12}{10}$, puis je multiplie pour obtenir $\frac{36}{100}$.

J'étiquette chaque grille entière comme 1, et chaque carré représente $\frac{1}{100}$.

J'ombrage en 1 et $\frac{2}{10}$ (120 carrés verticalement)

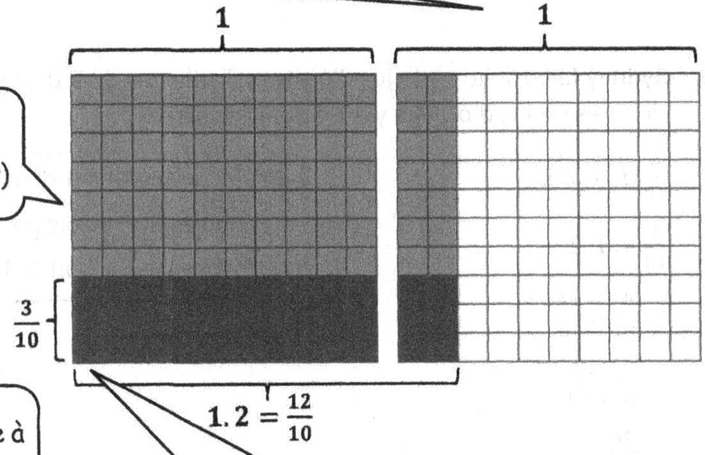

Je teinte en $\frac{3}{10}$ de $\frac{12}{10}$ (36 carrés)

2. Multipliés.

a. 2×0.6

$= 2 \times \frac{6}{10}$

$= \frac{2 \times 6}{10}$

$= \frac{12}{10}$

$= 1.2$

Je réécris la décimale sous forme de fraction puis multiplie les deux numérateurs et les deux dénominateurs pour obtenir $\frac{12}{10}$. Enfin, je l'écris sous forme de nombre mixte si possible.

b. 0.2×0.6

$= \frac{2}{10} \times \frac{6}{10}$

$= \frac{2 \times 6}{10 \times 10}$

$= \frac{12}{100}$

$= 0.12$

0.2 correspond à 2 dixièmes ou $\frac{2}{10}$. Après multiplication, la réponse est $\frac{12}{100}$, ou 0.12.

c. 0.02×0.6

$= \frac{2}{100} \times \frac{6}{10}$

$= \frac{2 \times 6}{100 \times 10}$

$= \frac{12}{1{,}000}$

$= 0.012$

0.02 équivaut à 2 centièmes, ou $\frac{2}{100}$. Après multiplication, la réponse est $\frac{12}{1{,}000}$ ou 0.012.

3. Sydney fait 1.2 litres de jus d'orange. Si elle verse 4 dixièmes de jus d'orange dans le verre, combien de litres de jus d'orange y a-t-il dans le verre?

$\frac{4}{10}$ *de* 1.2 L

$\frac{4}{10} \times 1.2$

$= \frac{4}{10} \times \frac{12}{10}$

$= \frac{4 \times 12}{10 \times 10}$

$= \frac{48}{100}$

$= 0.48$

Pour trouver 4 dixièmes de 1.2 litre, je multiplie $\frac{4}{10}$ fois pour obtenir $\frac{12}{10}$ pour obtenir $\frac{48}{100}$, soit 0.48.

Il y a **0. 48 L** ***de jus d'orange dans le verre.***

Nom ______________________________ Date ______________

1. Multipliez et modélisez. Réécrivez chaque expression sous forme de phrase numérique avec des facteurs décimaux. Le premier a été fait pour toi.

a. $\frac{1}{10} \times \frac{1}{10}$

$= \frac{1 \times 1}{10 \times 10}$

$= \frac{1}{100}$

$0.1 \times 0.1 = 0.01$

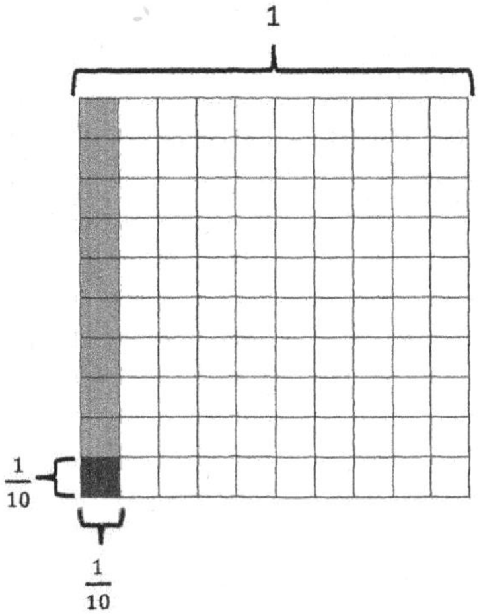

b. $\frac{6}{10} \times \frac{2}{10}$

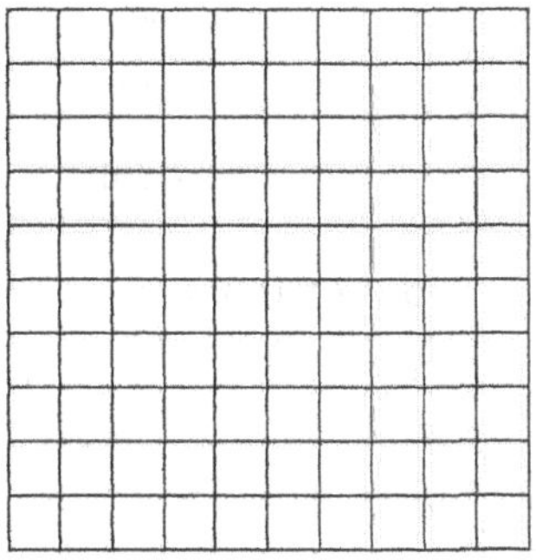

c. $\frac{1}{10} \times 1.6$

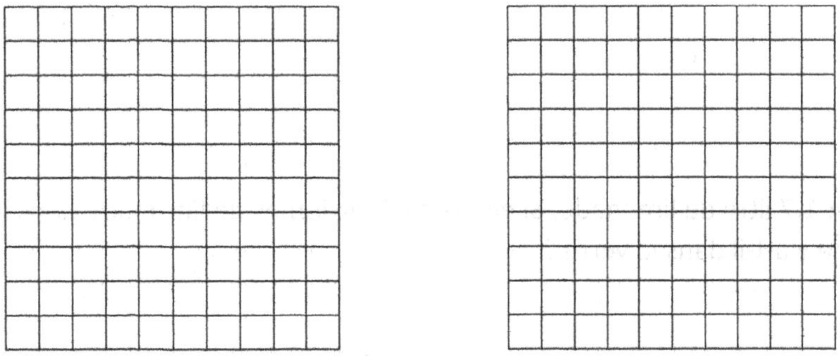

d. $\frac{6}{10} \times 1.9$

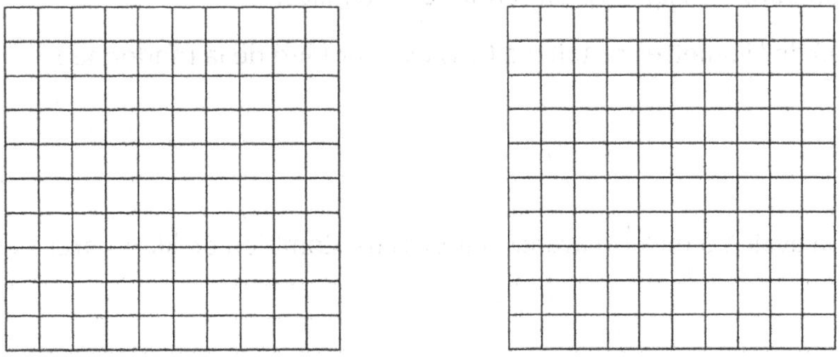

2. Multipliez. Les premiers sont lancés pour vous.

a. $4 \times 0.6 =$ ______

$= 4 \times \frac{6}{10}$

$= \frac{4 \times 6}{10}$

$= \frac{24}{10}$

$= 2.4$

b. $0.4 \times 0.6 =$ ______

$= \frac{4}{10} \times \frac{6}{10}$

$= \frac{4 \times 6}{10 \times 10}$

$=$

c. $0.04 \times 0.6 =$ ______

$= \frac{4}{100} \times \frac{6}{10}$

$= \frac{\_\_ \times \_\_}{100 \times 10}$

$=$

d. $7 \times 0.3 =$

e. $0.7 \times 0.3 =$

f. $0.07 \times 0.3 =$

g. $1.3 \times 5 =$

h. $1.3 \times 0.5 =$

i. $0.13 \times 0.5 =$

3. Jennifer fait 1.7 litre de limonade. Si elle verse 3 dixièmes de limonade dans le verre, combien de litres de limonade y a-t-il dans le verre ?

4. Cassius a parcouru 6 dixièmes d'un sentier de 3.6 miles.

a. Combien de kilomètres restait-il à Cassius pour faire de la randonnée ?

b. Cameron avait 1.3 milles d'avance sur Cassius. Combien de kilomètres Cameron a-t-il déjà parcouru ?

1. Multipliez en utilisant à la fois la forme de fraction et la forme d'unité.

   a. $2.3 \times 1.6 = \frac{23}{10} \times \frac{16}{10}$

   $= \frac{23 \times 16}{10 \times 10}$

   $= \frac{368}{100}$

   $= 3.68$

$$
\begin{array}{rrrrl}
 & & 2 & 3 & \textit{dixièmes} \\
\times & & 1 & 6 & \textit{dixièmes} \\
\hline
 & 1 & 3 & 8 & \\
+ & 2 & 3 & 0 & \\
\hline
 & 3 & 6 & 8 & \textit{centièmes}
\end{array}
$$

J'écris les décimales (2.3 et 1.6) sous forme d'unité (23 dixièmes et 16 dixièmes)

J'exprime les décimales (2.3 et 1.6) sous forme de fractions ($\frac{23}{10}$ et $\frac{16}{10}$), puis je multiplie pour obtenir $\frac{368}{100}$, ou 3.68.

Je multiplie les 2 facteurs comme s'il s'agissait de nombres entiers pour obtenir 368. L'unité du produit est le centième car un dixième fois un dixième est égal à un centième.

   b. $2.38 \times 1.8 = \frac{238}{100} \times \frac{18}{10}$

   $= \frac{238 \times 18}{100 \times 10}$

   $= \frac{4{,}284}{1{,}000}$

   $= 4.284$

$$
\begin{array}{rrrrrl}
 & & 2 & 3 & 8 & \textit{centièmes} \\
\times & & & 1 & 8 & \textit{dixièmes} \\
\hline
 & 1 & 9 & 0 & 4 & \\
+ & 2 & 3 & 8 & 0 & \\
\hline
 & 4, & 2 & 8 & 4 & \textit{millièmes}
\end{array}
$$

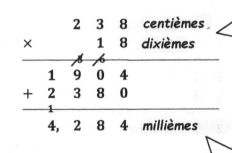

J'exprime les décimales (2,38 et 1,8) sous forme d'unité (238 centièmes et 18 dixièmes).

Un centième fois un dixième est un millième.

2. Un jardin fleuri mesure 2.75 mètres par 4.2 mètres.

   a. Trouvez la zone du jardin fleuri.

   $2.75 \text{ m} \times 4.2 \text{ m} = 11.55 \text{ m}^2$

   La superficie du jardin fleuri est de 11.55 mètres carrés

			2	7	5	*centièmes*
×				4	2	*dixièmes*
			5	5	0	
+	1	1	0	0	0	
	1	1,	5	5	0	*millièmes*

Je multiplie la longueur par la largeur pour trouver la superficie du jardin

Un centième fois un dixième est un millième.

$$\frac{1}{100} \times \frac{1}{10} = \frac{1 \times 1}{100 \times 10} = \frac{1}{1,000}$$

   b. La superficie du potager est une fois et demie celle du jardin fleuri. Trouvez la superficie totale du jardin fleuri et du potager.

   $11.55 \text{ m}^2 \times 1.5 = 17.325 \text{ m}^2$

		1	1	5	5	*centièmes*
×				1	5	*dixièmes*
		5	7	7	5	
+	1	1	5	5	0	
	1	7,	3	2	5	*millièmes*

Je trouve la superficie du potager en multipliant la superficie du jardin fleuri par 1.5, soit 15 dixièmes.

   $11.55 \text{ m}^2 + 17.325 \text{ m}^2 = 28.875 \text{ m}^2$

	1	1.	5	5	0
+	1	7.	3	2	5
	2	8.	8	7	5

J'ajoute les 2 zones ensemble pour trouver la surface totale.

***La superficie totale du jardin fleuri et du potager est* 28.875 m².**

EUREKA MATH

Nom ______________________________ Date ________________

1. Multipliez en utilisant la forme de fraction et la forme d'unité. Vérifiez votre réponse en comptant les décimales. Le premier a été fait pour toi.

   a. $3.3 \times 1.6 = \frac{33}{10} \times \frac{16}{10}$

   $= \frac{33 \times 16}{100}$

   $= \frac{528}{100}$

   $= 5.28$

   ```
       3 3 dixièmes
   ×   1 6 dixièmes
       1 9 8
   +   3 3 0
       5 2 8 centièmes
   ```

   b. $3.3 \times 0.8 =$

   ```
       3 3 dixièmes
   ×     8 dixièmes
   ```

   c. $4.4 \times 3.2 =$

   d. $2.2 \times 1.6 =$

2. Multipliez en utilisant la forme de fraction et la forme d'unité. Le premier exercice a été partiellement fait pour toi.

   a. $3.36 \times 1.4 = \frac{336}{100} \times \frac{14}{10}$

   $= \frac{336 \times 14}{1{,}000}$

   $= \frac{4{,}704}{1{,}000}$

   $= 4.704$

   ```
       3 3 6 centièmes
   ×     1 4 dixièmes
   ```

   b. $3.35 \times 0.7 =$

   ```
       3 3 5 centièmes
   ×       7 dixièmes
   ```

   c. $4.04 \times 3.2 =$

   d. $4.4 \times 0.16 =$

3. Résolvez en utilisant l'algorithme standard. Montrez votre réflexion sur les unités de votre produit. Le premier a été fait pour toi.

a. 3.2 × 0.6 = 1.92 $\frac{32}{10} \times \frac{6}{10} = \frac{32 \times 6}{100}$

```
    3 2 dixièmes
×     6 dixièmes
  1 9 2 centièmes
```

b. 2.3 × 2.1 = ________

```
    2 3 dixièmes
×   2 1 dixièmes
```

c. 7.41 × 3.4 = ________

d. 6.50 × 4.5 = ________

4. Erik achète 2.5 livres de noix de cajou. Si chaque livre de noix de cajou coûte $7.70, combien paiera-t-il noix de cajou?

5. La piscine d'un parc mesure 9.75 mètres sur 7.2 mètres.

a. Trouvez la zone de la piscine.

b. La superficie de l'aire de jeux est une fois et demie celle de la piscine. Trouvez la superficie totale de la piscine et l'aire de jeux.

1. Convertir. Exprimez votre réponse sous la forme d'un nombre mixte, si possible.

   a. 9 in = ____ ft

   $9 \text{ in} = 9 \times 1 \text{ in}$

   $= 9 \times \frac{1}{12} \text{ ft}$

   $= \frac{9}{12} \text{ ft}$

   $= \frac{3}{4} \text{ ft}$

   Je sais que 1 pied = 12 pouces et 1 pouce = $\frac{1}{12}$ pied.

   9 pouces est égal à 9 fois 1 pouce. Je peux renommer 1 pouce en $\frac{1}{12}$ pied, puis multiplier.

   b. 20 oz = ____ lb

   $20 \text{ oz} = 20 \times 1 \text{ oz}$

   $= 20 \times \frac{1}{16} \text{ lb}$

   $= \frac{20}{16} \text{ lb}$

   $= 1\frac{4}{16} \text{ lb}$

   $= 1\frac{1}{4} \text{ lb}$

   Je sais que 1 livre = 16 onces et 1 once = $\frac{1}{16}$ livre.

   20 onces est égal à 20 fois 1 once Je peux renommer 1 once en $\frac{1}{16}$ livre, puis multiplier.

2. Jack achète 14 onces d'arachides.
   Quelle fraction d'une livre d'arachides Jack a-t-il achetée ?

14 oz = ____ lb

$14 \text{ oz} = 14 \times 1 \text{ oz}$

$= 14 \times \frac{1}{16} \text{ lb}$

$= \frac{14}{16} \text{ lb}$

$= \frac{7}{8} \text{ lb}$

1 livre = 16 onces et 1 onces = $\frac{1}{16}$ livre.

Jack a acheté $\frac{7}{8}$ livres d'arachides.

Nom ____________________ Date __________

1. Convertir. Exprimez votre réponse sous la forme d'un nombre mixte, si possible.

a. 2 ft = $\frac{2}{3}$ yd 2 ft = 2 × 1 ft = 2 × $\frac{1}{3}$ yd = $\frac{2}{3}$ yd	b. 6 ft = ________ yd 6 ft = 6 × 1 ft = 6 × ________ yd = ________ yd
c. 5 in = ________ pi	d. 14 in = ________ pi
e. 7 oz = ________ kg	f. 20 oz = ________ kg
g. 1 pt = ________ qt	h. 4 pt = ________ qt

2. Marty achète 12 onces de granola.

   a. Quelle fraction de livre de granola Marty a-t-il acheté ?

   b. Si une livre entière de granola coûte $4, combien Marty a-t-il payé ?

3. Sara et son père visitent à nouveau Yo-Yo Yogurt. Cette fois, l'échelle dit que Sara a 14 onces de vanille yaourt dans sa tasse. Le yaourt de son père pèse deux fois moins. Combien de livres de yogourt glacé ont-ils acheté en tout lors de cette visite? Exprimez votre réponse sous la forme d'un nombre mixte.

4. Un professeur d'art utilise 1 litre de peinture bleue chaque mois. Dans un an, combien de gallons de peinture utilisation?

Convertir. Exprimez la réponse sous la forme d'un nombre mixte.

1. $2\frac{2}{3}$ ft= ____ in

1 pied = 12 pouces

$$2\frac{2}{3}\text{ ft} = 2\frac{2}{3} \times 1\text{ ft}$$
$$= 2\frac{2}{3} \times 12\text{ in}$$
$$= \frac{8}{3} \times 12\text{ in}$$
$$= \frac{96}{3}\text{ in}$$
$$= 32\text{ in}$$

Je renomme $2\frac{2}{3}$ comme une fraction supérieure ou une fraction incorrecte $\frac{8}{3}$. Eux, je les multiplie.

2. $2\frac{7}{10}$ hr = _____ min

1 heure = 60 minutes

$$2\frac{7}{10}\text{ hr} = 2\frac{7}{10} \times 1\text{ hr}$$
$$= 2\frac{7}{10} \times 60\text{ min}$$
$$= (2 \times 60\text{ min}) + \left(\frac{7}{10} \times 60\text{ min}\right)$$
$$= (120\text{ min.}) + (42\text{ min})$$
$$= 162\text{ min}$$

Je peux utiliser la propriété distributive. Je multiplie 2×60 minutes et ajoutez cela au produit de $\frac{7}{10} \times 60$ minutes.

3. Charlie achète $2\frac{1}{4}$ livres de pommes pour une tarte. Il a besoin 50 onces de pommes pour la tarte. Combien de kilos de pommes de plus doit-il acheter?

Je dessine un diagramme entier montrant le total de 50 onces de pommes dont Charlie a besoin pour la tarte.

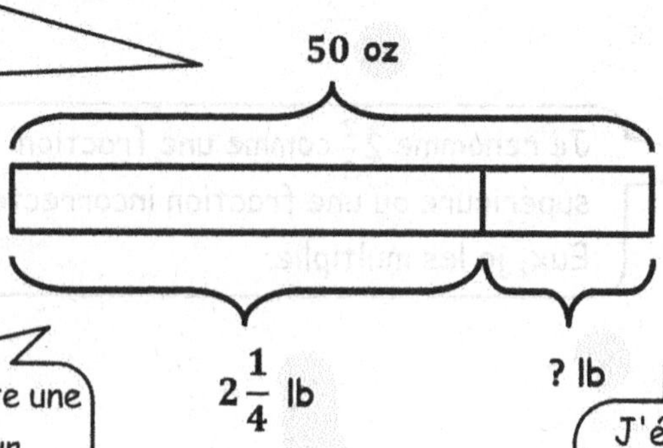

Je dessine et j'étiquette une partie de $2\frac{1}{4}$ livres pour montrer les pommes que Charlie a achetées.

J'étiquette la partie restante dont Charlie a besoin avec un point d'interrogation, pour représenter ce que j'essaie de découvrir.

$2\frac{1}{4}$ lb = ____ oz

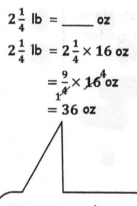

$2\frac{1}{4}$ lb $= 2\frac{1}{4} \times 16$ oz

$= \frac{9}{4} \times 16$ oz

$= 36$ oz

Je convertis $2\frac{1}{2}$ livres en onces en multipliant par 16. $2\frac{1}{4}$ livres équivaut à 36 onces.

$$\begin{array}{rrl} & \overset{4}{\cancel{5}}\ \overset{10}{\cancel{0}} & \text{oz} \\ - & 3\ 6 & \text{oz} \\ \hline & 1\ 4 & \text{oz} \end{array}$$

Je soustrais 36 onces du total de 50 onces pour trouver combien d'onces de pommes de plus Charlie doit acheter. La différence est de 14 onces.

14 oz = ____ lb

14 oz $= 14 \times 1$ oz

$= 14 \times \frac{1}{16}$ lb

$= \frac{14}{16}$ lb

$= \frac{7}{8}$ lb

Puisque la question demande combien de *livres* supplémentaires il doit acheter, je convertis 14 onces en livres.

Charlie doit acheter $\frac{7}{8}$ livre de pommes.

Nom ______________________ Date ______________

1. Convertir. Montrez votre travail. Exprimez votre réponse sous la forme d'un nombre mixte. Le premier a été fait pour toi.

a. $2\frac{2}{3}$ yd = <u>8</u> ft $2\frac{2}{3}$ yd $= 2\frac{2}{3} \times 1$ yd $= 2\frac{2}{3} \times 3$ ft $= \frac{8}{3} \times 3$ ft $= \frac{24}{3}$ ft $= 8$ ft	b. $1\frac{1}{4}$ ft = __________ yd $1\frac{1}{4}$ ft $= 1\frac{1}{4} \times 1$ ft $= 1\frac{1}{4} \times \frac{1}{3}$ yd $= \frac{5}{4} \times \frac{1}{3}$ yd =
c. $3\frac{5}{6}$ ft = __________ in	d. $7\frac{1}{2}$ pt = __________ qt
e. $4\frac{3}{10}$ hr = __________ min	f. 33 mois = __________ années

2. Quatre membres d'une équipe de piste courent une course de relais en 165 secondes. Combien de minutes leur a-t-il fallu pour courir la course ?

3. Horace achète $2\frac{3}{4}$ livres de myrtilles pour une tarte. Il a besoin de 48 onces de myrtilles pour la tarte. Combien de kilos de myrtilles de plus doit-il acheter ?

4. Tiffany envoie un colis qui ne peut excéder 16 livres. Le paquet contient des livres pesant un total de $9\frac{3}{8}$ livres sterling. Les autres articles à envoyer pèsent $\frac{3}{5}$ le poids des livres. Est-ce que Tiffany pourra envoyer le colis?

Remplir les espaces vides

Je pense que 3 fois ce qui fait 18 et 5 fois ce qui fait 30? La fraction manquante doit être $\frac{6}{6}$.

1. $\frac{3}{5} \times 1 = \frac{3}{5} \times \frac{\mathbf{6}}{\mathbf{6}} = \frac{18}{30}$

Je sais que tout nombre multiplié par 1, ou une fraction égale à 1, sera égal au nombre lui-même.
$\frac{3}{5} = \frac{18}{30}$

Afin d'écrire une fraction sous forme décimale, je peux renommer le dénominateur comme une puissance de 10 (par exemple, 10, 100, 1 000).
$\frac{1}{10} = 0.1$ $\frac{1}{100} = 0.01$ $\frac{1}{1\,000} = 0.001$

2. Exprimez chaque fraction sous forme décimale équivalente.

a. $\frac{1}{4} \times \frac{\mathbf{25}}{\mathbf{25}} = \frac{\mathbf{25}}{\mathbf{100}} = \mathbf{0.25}$

Je regarde le dénominateur, 4, et c'est un facteur de 100 et 1 000.

Je peux renommer $\frac{1}{4}$ en $\frac{25}{100}$, ou 0.25.

b. $\frac{4}{5} \times \frac{\mathbf{2}}{\mathbf{2}} = \frac{\mathbf{8}}{\mathbf{10}} = \mathbf{0.8}$

Je regarde le dénominateur, 5, et c'est un facteur de 10, 100 et 1000

c. $\frac{21}{20} \times \frac{\mathbf{5}}{\mathbf{5}} = \frac{\mathbf{105}}{\mathbf{100}} = \mathbf{1.05}$

Puisque $\frac{21}{20}$ est une fraction supérieure à 1, la décimale équivalente doit également être supérieure à 1.

d. $3\frac{21}{50} \times \frac{\mathbf{2}}{\mathbf{2}} = \mathbf{3}\frac{\mathbf{42}}{\mathbf{100}} = \mathbf{3.42}$

Puisque $3\frac{21}{50}$ est un nombre mixte, la décimale équivalente doit être supérieure à 1.

Je regarde le dénominateur, 50, et c'est un facteur de 100 et 1 000.

3. Vivian a $\frac{3}{4}$ d'un dollar. Elle achète une sucette pour 59 cents. Changez les deux nombres en décimales et dites combien d'argent Vivian a après avoir payé la sucette.

$$\frac{3}{4} = \frac{3}{4} \times \frac{25}{25} = \frac{75}{100} = 0.75$$

Je multiplie $\frac{3}{4} \times \frac{25}{25}$ pour obtenir $\frac{75}{100}$. $\frac{75}{100}$ d'un dollar est égal à \$0.75.

59 *centime* = \$0.59

1 centime = \$0.01

$$\begin{array}{r} \overset{6}{\cancel{7}}\,\overset{15}{\cancel{5}} \\ \$0.\ 7\ 5 \\ -\ \$0.\ 5\ 9 \\ \hline \$0.\ 1\ 6 \end{array}$$

Je soustrais \$0.59 de pour \$0.75 constater que Vivian est \$0.16 partie après avoir payé la sucette.

Vivian a* \$ 0.16 *laissé après avoir payé la sucette.

Nom ______________________________ Date ____________________

1. Remplis les blancs.

a. $\frac{1}{3} \times 1 = \frac{1}{3} \times \frac{3}{3} = \frac{}{9}$

b. $\frac{2}{3} \times 1 = \frac{2}{3} \times \frac{}{} = \frac{14}{21}$

c. $\frac{5}{2} \times 1 = \frac{5}{2} \times \frac{}{} = \frac{25}{}$

d. Comparez le premier facteur à la valeur du produit.

2. Exprimez chaque fraction sous forme décimale équivalente. Le premier exercice a été partiellement fait pour toi.

a. $\frac{3}{4} \times \frac{25}{25} = \frac{3 \times 25}{4 \times 25} = \frac{}{100} =$

b. $\frac{1}{4} \times \frac{25}{25} =$

c. $\frac{2}{5} \times \frac{}{} =$

d. $\frac{3}{5} \times \frac{}{} =$

e. $\frac{3}{20}$

f. $\frac{25}{20}$

g. $\frac{23}{25}$

h. $\frac{89}{50}$

i. $3\frac{11}{25}$

j. $5\frac{41}{50}$

3. $\frac{6}{8}$ est équivalent à $\frac{3}{4}$. Comment pouvez-vous utiliser ceci pour vous aider à écrire $\frac{6}{8}$ sous forme décimale ? Montrez votre réflexion à résoudre.

4. Un nombre multiplié par une fraction n'est pas toujours inférieur au nombre d'origine. Expliquez cela et donnez à au moins deux exemples pour soutenir votre réflexion.

5. Elise a $\frac{3}{4}$ d'un dollar. Elle achète un timbre qui coûte 44 cents. Changez les deux nombres en décimales et dites combien d'argent Elise a après avoir payé le timbre.

1. Résous pour trouver l'inconnue. Réécrivez chaque phrase comme une phrase de multiplication. Encerclez le facteur de mise à l'échelle et placez une case autour du facteur en indiquant le nombre de mètres.

a. $\frac{1}{2}$ aussi long que 8 mètres = __4__ mètres

$\frac{1}{2} \times 8\text{ m} = 4\text{ m}$

La moitié de 8 est 4, donc 1 moitié de 8 mètres fait 4 mètres.

b. 8 fois plus long que $\frac{1}{2}$ mètre = __4__ mètres

$8 \times \frac{1}{2}\text{ m} = 4\text{ m}$

2 fois 1 moitié est égal à 1. Donc 8 fois 1 moitié (ou 8 copies de 1 moitié) est égal à 4.

2. Dessinez un diagramme en bande pour modéliser chaque situation du problème 1 et décrivez ce qui est arrivé au nombre de mètres lorsqu'il a été multiplié par le facteur d'échelle.

a.

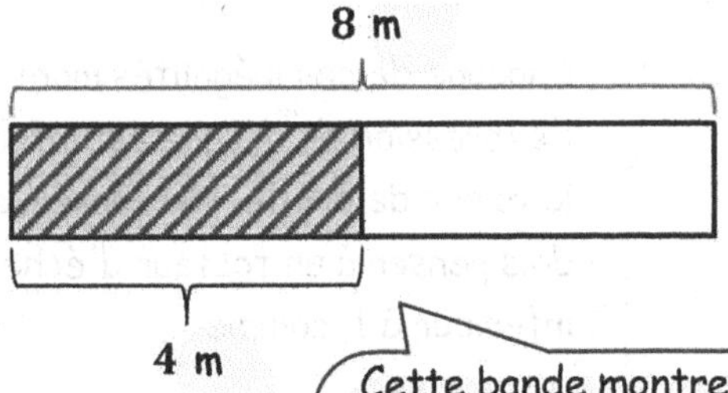

Cette bande montre un ensemble de 8 mètres. Je le partitionne en 2 unités égales pour faire des moitiés. La moitié de 8 m fait 4 m.

b.

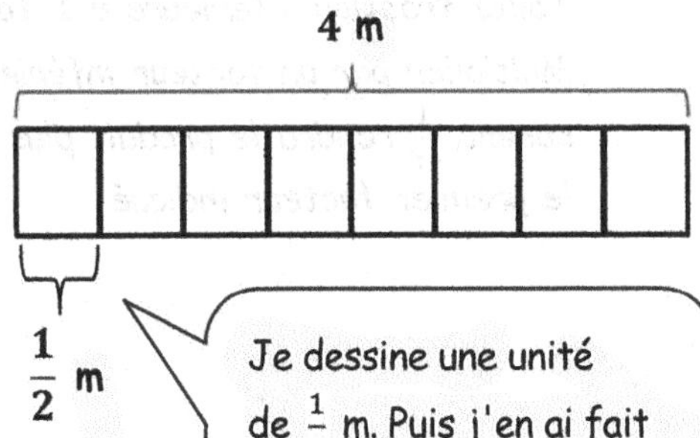

Je dessine une unité de $\frac{1}{2}$ m. Puis j'en ai fait 8 copies pour montrer $8 \times \frac{1}{2}$ m, qui est égal à 4 m.

Dans la partie (a), le facteur d'échelle est inférieur à 1, de sorte que le nombre de mètres diminue.
Dans la partie (b} 1, le facteur d'échelle 8 est supérieur à 1, donc le nombre de mètres augmente.

3. Regardez les inégalités dans chaque case. Choisissez une seule fraction pour écrire dans les trois blancs qui rendraient les trois phrases numériques vraies. Explique comment tu le sais.

a. $\frac{3}{4} \times \frac{4}{2} > \frac{3}{4}$ $\quad 2 \times \frac{4}{2} > 2$ $\quad \frac{7}{5} \times \frac{4}{2} > \frac{7}{5}$

Toute fraction supérieure à 1 fonctionnera En multipliant par un facteur supérieur à 1, comme $\frac{4}{2}$, le produit sera plus grand que le premier facteur indiqué.

Chacune de ces inégalités montre que l'expression de gauche est supérieure à la valeur de droite. Par conséquent, je dois penser à un facteur d'échelle supérieur à 1, comme $\frac{4}{2}$.

b. $\frac{3}{4} \times \frac{1}{3} < \frac{3}{4}$ $\quad 2 \times \frac{1}{3} < 2$ $\quad \frac{7}{5} \times \frac{1}{3} < \frac{7}{5}$

Toute fraction inférieure à 1 fonctionnera. Multiplier par un facteur inférieur à 1, comme $\frac{1}{3}$, rendra le produit plus petit que le premier facteur indiqué

Chacune de ces inégalités montre que l'expression de gauche est inférieure à la valeur de droite. Par conséquent, je dois penser à un facteur d'échelle inférieur à 1, comme $\frac{1}{3}$.

4. Une entreprise utilise un croquis pour planifier une publicité sur le côté d'un bâtiment. Le lettrage sur le croquis mesure $\frac{3}{4}$ de pouce de hauteur. Dans la publicité proprement dite, les lettres doivent être 20 fois plus hautes. Quelle sera la hauteur des lettres sur la publicité réelle?

$20 \times \frac{3}{4}$

$= \frac{20 \times 3}{4}$

$= \frac{60}{4}$

$= 15$

Les lettres auront 15 pouces de hauteur.

Les lettres sur le croquis ont été réduites pour tenir sur la page; par conséquent, les lettres sur la publicité réelle seront plus grandes. Afin de savoir quelle sera la taille réelle des lettres, je multiplie 20 par $\frac{3}{4}$ de pouce.

EUREKA MATH

Nom ______________________________ Date ________________

1. Résous pour trouver l'inconnue. Réécrivez chaque phrase comme une phrase de multiplication. Encerclez le facteur d'échelle et mettre une boîte autour du nombre de mètres.

   a. $\frac{1}{3}$ aussi long que 6 mètres = ____ mètre (s) b. 6 fois plus longtemps que $\frac{1}{3}$ mètre = ____ mètre (s)

2. Dessinez un diagramme en bande pour modéliser chaque situation du problème 1 et décrivez ce qui est arrivé au nombre de mètres lorsqu'il a été multiplié par le facteur d'échelle.

   a. b.

3. Remplissez le vide avec un numérateur ou un dénominateur pour que la phrase numérique soit vraie.

   a. $5 \times \frac{\;}{3} > 5$ b. $\frac{6}{\;} \times 12 < 12$ c. $4 \times \frac{\;}{5} = 4$

4. Regardez les inégalités dans chaque case. Choisissez une seule fraction pour écrire dans les trois blancs qui rendraient les trois phrases numériques vraies. Explique comment tu le sais.

   a. $\frac{2}{3} \times$ ____ $> \frac{2}{3}$ 4 × ____ > 4 $\frac{5}{3} \times$ ____ $> \frac{5}{3}$

   b. $\frac{2}{3} \times$ ____ $< \frac{2}{3}$ 4 × ____ < 4 $\frac{5}{3} \times$ ____ $< \frac{5}{3}$

5. Écrivez un nombre dans l'espace vide qui rendra la phrase numérique vraie.

   a. $3 \times \_\_\_\_\_ < 1$

   b. Expliquez comment la multiplication par un nombre entier peut donner un produit inférieur à 1.

6. Dans un croquis, une fontaine est dessinée $\frac{1}{4}$ mètre de haut. La fontaine réelle sera 68 fois plus haute. Quelle sera la hauteur de la fontaine?

7. Dans les plans, un cabinet d'architectes a tout dessiné $\frac{1}{24}$ de la taille réelle. Les fenêtres mesurent en fait 4 ft sur 6 ft et les portes mesurent 12 ft sur 8 ft. Quelles sont les dimensions des fenêtres et des portes dans le dessin ?

1. Triez les expressions suivantes en les réécrivant dans le tableau.

[13.89] × 1.004	[602] × 0.489	[102.03] × 4.015
[0.3] × 0.069	[0.72] × 1.24	[0.2] × 0.1

Puisque 0.489 est inférieur à 1, si je le multipliais par 602, la réponse serait inférieure à 602. Je vais mettre cette expression dans la colonne de gauche.

Le produit est inférieur au numéro de la boîte:	**Le produit est supérieur au nombre encadré:**
[0.3] × 0.069	[13.89] × 1.004
[602] × 0.489	[0.72] × 1.24
[0.2] × 0.1	[102.03] × 4.015

Toutes les expressions de cette colonne ont un nombre encadré qui est multiplié par un **facteur d'échelle inférieur à 1** (par exemple, 0.069 et 0.1). Par conséquent, le produit sera inférieur au numéro de la boîte.

Toutes les expressions de cette colonne ont un nombre encadré qui est multiplié par un facteur d'échelle supérieur à 1 (par exemple, 1.004 et 4.015). Par conséquent, le produit sera supérieur au nombre encadré.

2. Écrivez une déclaration en utilisant l'une des phrases suivantes pour comparer la valeur des expressions.

est légèrement plus que ***c'est bien plus que*** ***est légèrement inférieur à*** ***est beaucoup moins que***

a. 4×0.988 ***est légèrement inférieur à*** 4

> Dans cet exemple, le produit de 4 x 0.988 est comparé au facteur 4. Étant donné que le facteur d'échelle, 0.988, est inférieur à 1, le produit sera inférieur à 4. Cependant, comme le facteur de mise à l'échelle, 0.988, est légèrement ***inférieur*** à 1, le facteur sera également légèrement ***inférieur*** à 4.

b. 1.05×0.8 ***est légèrement plus que*** 0.8

c. $1{,}725 \times 0.013$ ***est beaucoup moins que*** 1,725

d. 89.001×1.3 ***c'est bien plus que*** 1.3

> Dans cet exemple, le produit de 89.001 x 1.3 est comparé au facteur 1.3. Puisque le facteur de mise à l'échelle, 89.001, est supérieur à 1, le produit sera supérieur à 1.3. Cependant, comme le facteur d'échelle, 89.001, est ***bien supérieur à*** 1, le produit sera également ***bien supérieur à*** 1.3.

3. Pendant les cours de sciences, Teo, Carson et Dhakir mesurent la longueur de leurs germes de soja. La pousse de Carson mesure 0.9 fois la longueur de celle de Teo et celle de Dhakir est de 1.08 fois la longueur de celle de Teo. À qui la pousse de haricot est-elle la plus longue ? Le plus court ?

> Je dessine un diagramme en bande pour m'aider à résoudre.

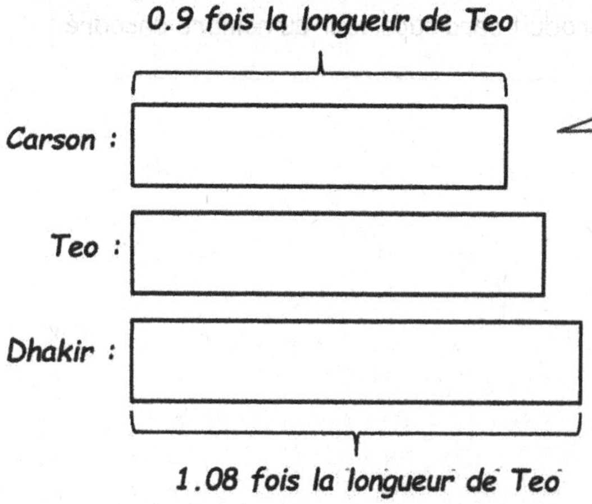

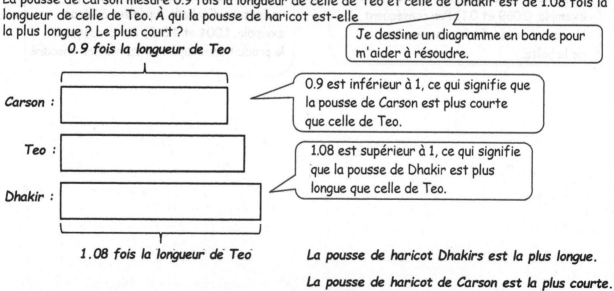

> 0.9 est inférieur à 1, ce qui signifie que la pousse de Carson est plus courte que celle de Teo.

> 1.08 est supérieur à 1, ce qui signifie que la pousse de Dhakir est plus longue que celle de Teo.

La pousse de haricot Dhakirs est la plus longue.

La pousse de haricot de Carson est la plus courte.

Nom ________________________________ Date ________________

1.

a. Triez les expressions suivantes en les réécrivant dans le tableau.

Le produit est inférieur au numéro de la boîte:	Le produit est supérieur au nombre encadré:

[12.5] × 1.989	[828] × 0.921	[321.46] × 1.26
[0.007] × 1.02	[2.16] × 1.11	[0.05] × 0.1

b. Qu'ont en commun les expressions de chaque colonne?

2. Écrivez une déclaration en utilisant l'une des phrases suivantes pour comparer la valeur des expressions. Ensuite, expliquez comment vous le savez.

est légèrement plus que ***c'est bien plus que*** ***est légèrement inférieur à*** ***est beaucoup moins que***

a. 14 × 0.999 ______________________ 14

b. 1.01 × 2.06 ______________________ 2.06

c. 1,955 × 0.019 ______________________ 1,955

d. Deux mille × 1.0001 ____________________ deux mille

e. Deux millièmes × 0.911 ____________________ deux millièmes

3. Rachel est 1.5 fois plus lourde que sa cousine Kayla. Un autre cousin, Jonathan, pèse 1.25 fois plus que Kayla. Faites la liste des cousins, du plus léger au plus lourd, et expliquez votre pensée.

4. Entoure ton choix.

a. *une* × *b* > *une*
Pour que cette déclaration soit vraie, *b* doit être **supérieur à 1** **Moins que 1**

Écrivez deux expressions qui soutiennent votre réponse. N'oubliez pas d'inclure un exemple décimal.

b. *une* × *b* < *une*
Pour que cette déclaration soit vraie, *b* doit être **supérieur à 1** **Moins que 1**

Écrivez deux expressions qui soutiennent votre réponse. N'oubliez pas d'inclure un exemple décimal.

1. Un tube contient 28 mL de la médecine. Si chaque dose est $\frac{1}{8}$ du tube, combien de millilitres représente chaque dose ? Exprimez votre réponse sous forme décimale.

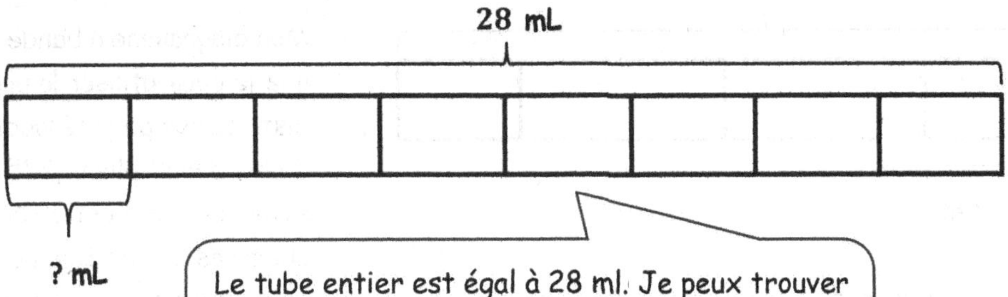

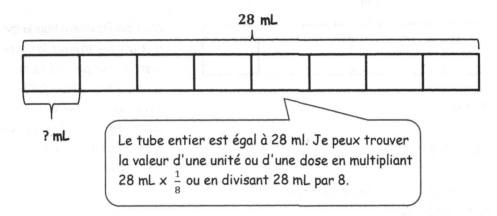

Le tube entier est égal à 28 ml. Je peux trouver la valeur d'une unité ou d'une dose en multipliant 28 mL x $\frac{1}{8}$ ou en divisant 28 mL par 8.

8 *unités* = 28 mL

1 *unité* = 28 mL ÷ 8

$= \frac{28}{8}$ mL

$= 3\frac{4}{8}$ mL

$= 3\frac{1}{2}$ mL

Maintenant, je sais que chaque dose est de $3\frac{1}{2}$ ml, mais le problème me demande d'exprimer ma réponse sous forme décimale. Je dois trouver une fraction égale à $\frac{1}{2}$ et dont le dénominateur est 10, 100 ou 1 000.

Chaque dose est de $3\frac{1}{2}$ mL.

Je peux multiplier la fraction $\frac{1}{2}$ par $\frac{5}{5}$ pour créer une fraction équivalente avec 10 comme dénominateur. Ensuite, je pourrai exprimer $3\frac{1}{2}$ sous forme décimale.

$$3\frac{1}{2} \times \frac{5}{5} = 3\frac{5}{10} = 3,5$$

Chaque dose est de 3.5 ml.

Remarque : certains élèves peuvent reconnaître que la fraction $\frac{1}{2}$ est égale à 0.5 sans montrer aucun travail. Encouragez votre enfant à montrer la quantité de travail nécessaire pour réussir. Si votre enfant peut faire des calculs de base mentalement, permettez-lui de le faire!

2. Une usine de vêtements utilise 1,275.2 mètres de tissu par semaine pour faire des chemises. Combien de tissu est nécessaire pour faire $3\frac{3}{5}$ fois plus de chemises?

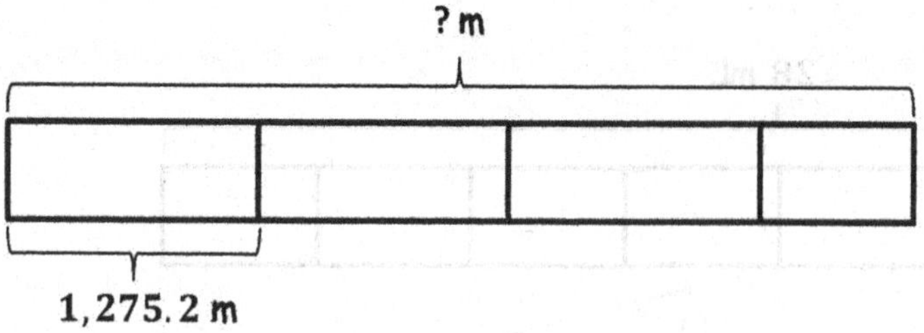

Mon diagramme à bande me rappelle que je peux utiliser la propriété distributive pour résoudre. Je peux d'abord multiplier $1{,}275\frac{2}{10}$ par 3, pour savoir ce que c'est 3 fois plus de chemises. Ensuite, je peux multiplier par $\frac{3}{5}$ pour savoir ce que $\frac{3}{5}$ sont autant de chemises.

$$1{,}275.2 \text{ m} = 1{,}275\frac{2}{10} \text{ m}$$

Je peux renommer 2 dixièmes de mètre sous forme de fraction.

$$1{,}275\frac{2}{10} \times \quad = \left(1{,}275\frac{2}{10} \times 3\right) + \left(1{,}275\frac{2}{10} \times \frac{3}{5}\right)$$

$$= \left(3{,}825\frac{6}{10}\right) + \left(\frac{12{,}752}{10} \times \frac{3}{5}\right)$$

$$= \left(3{,}825\frac{6}{10}\right) + \left(\frac{12{,}752 \times 3}{10 \times 5}\right)$$

$$= \left(3{,}825\frac{6}{10}\right) + \left(\frac{38{,}256}{50}\right)$$

$$= \left(3{,}825\frac{6}{10}\right) + \left(765\frac{6}{50}\right)$$

$$= \left(3{,}825\frac{60}{100}\right) + \left(765\frac{12}{100}\right)$$

$$= 4{,}590\frac{72}{100}$$

$$= 4{,}590.72$$

Pour ajouter, je fais des unités similaires, ou je trouve des dénominateurs communs. Je renommerai chaque fraction en utilisant des centièmes, afin que je puisse facilement exprimer ma réponse finale sous forme décimale.

Je peux renommer $\frac{72}{100}$ en 0.72 pour exprimer ma réponse finale sous forme décimale.

4,590. 72 mètres de tissu sont nécessaires pour fabriquer les chemises.

3. Il y a $\frac{3}{4}$ autant de garçons que de filles dans une classe de cinquième. S'il y a 35 élèves de la classe, combien sont des filles?

Je dessine un ruban pour représenter le nombre de filles dans la classe.

Je le partitionne en 4 unités égales pour faire des quarts.

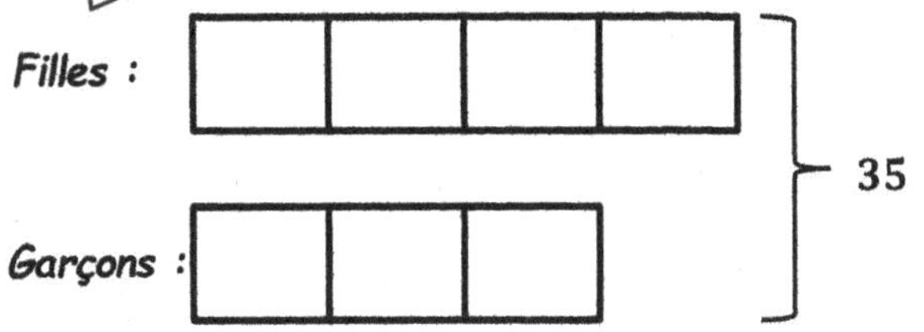

Je peux penser à ce que montre mon diagramme à bande. Il y a un total de 7 unités et ces 7 unités correspondent à un total de 35 étudiants. Afin de savoir combien il y a de filles, j'ai besoin de connaître la valeur de 1 unité.

Puisqu'il y a $\frac{3}{4}$ de garçons que de filles, je dessine une bande pour représenter le nombre de garçons qui est $\frac{3}{4}$ de la longueur de la bande pour le nombre de filles.

7 *unités* $= 35$

1 *unité* $= 35 \div 7$

1 *unité* $= 5$

Si chaque unité est égale à 5 élèves et qu'il y a 4 unités représentant les filles, je peux multiplier pour trouver le nombre de filles dans la classe.

4 *unités* $= 4 \times 5 = 20$

Il y a 20 filles dans la classe.

Nom ______________________________ Date ______________

1. Jesse emmène son chien et son chat pour leur visite annuelle chez le vétérinaire. Le chien de Jesse pèse 23 livres. Le vétérinaire lui dit que le poids de son chat est $\frac{5}{8}$ autant que le poids de son chien. Combien pèse son chat?

2. L'image d'un flocon de neige mesure 1.8 cm de large. Si le flocon de neige réel est $\frac{1}{8}$ la taille de l'image, qu'est-ce que la largeur du flocon de neige réel? Exprimez votre réponse sous forme décimale.

3. Une balade à vélo communautaire offre un court trajet de 5.7 miles pour les enfants et les familles. Le court trajet est suivi de un long trajet, $5\frac{2}{3}$ fois aussi long que le court trajet, pour les adultes. Si une femme fait du vélo avec ses enfants et puis le long trajet avec ses amis, combien de kilomètres parcoure-t-elle en tout?

4. Sal a acheté une maison pour 78,524.60 $. Douze ans plus tard, il a vendu la maison pour $2\frac{3}{4}$ fois autant. Quel était le prix de vente de la maison?

5. En cinquième année à l'école primaire Lenape, il y a $\frac{4}{5}$ autant d'élèves qui ne portent pas de lunettes ceux qui portent des lunettes. S'il y a 60 élèves qui portent des lunettes, combien d'élèves sont dans le cinquième classe ?

6. Dans une usine, un mécanicien gagne $17,25 de l'heure. Le président de l'entreprise gagne $6\frac{2}{3}$ fois autant pour chaque heure qu'il travaille. Le concierge de la même entreprise gagne $\frac{3}{5}$ autant que le mécanicien. Combien l'entreprise paie-t-elle pour les salaires des trois employés pour une heure de travail?

1. Dessinez un diagramme à bande et une droite numérique à résoudre.

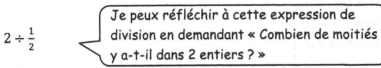

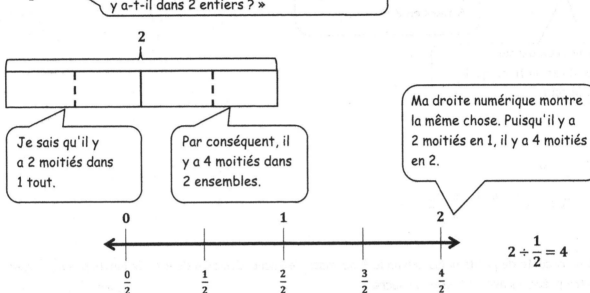

$2 \div \frac{1}{2}$

Je peux réfléchir à cette expression de division en demandant « Combien de moitiés y a-t-il dans 2 entiers ? »

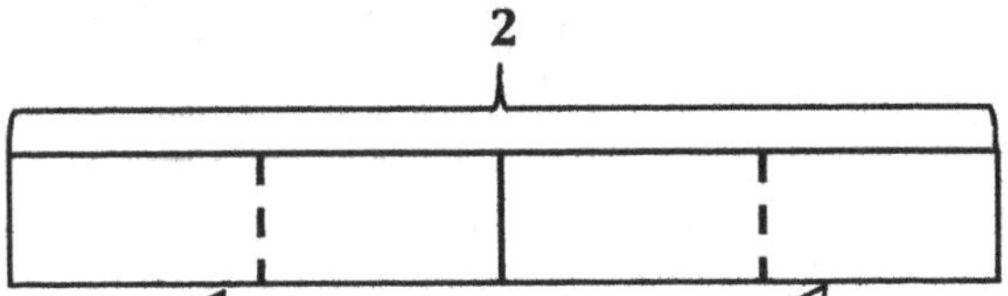

Je sais qu'il y a 2 moitiés dans 1 tout.

Par conséquent, il y a 4 moitiés dans 2 ensembles.

Ma droite numérique montre la même chose. Puisqu'il y a 2 moitiés en 1, il y a 4 moitiés en 2.

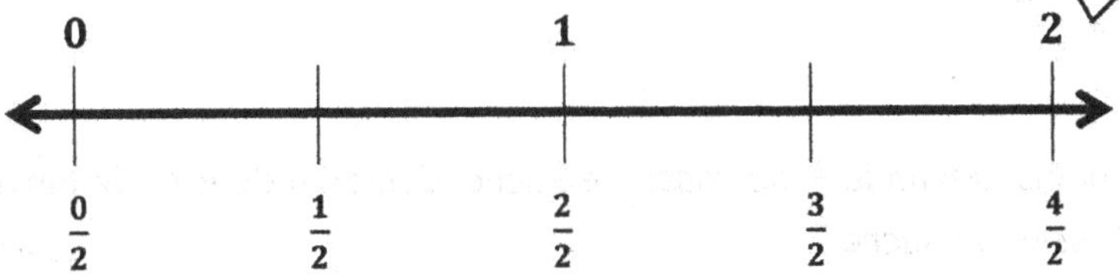

$$2 \div \frac{1}{2} = 4$$

$2 \div \frac{1}{2}$

Je peux aussi réfléchir à cette expression de division en demandant « 2 est la ***moitié*** de quoi ? » Ou « Si 2 est la ***moitié***, quel est le tout ? »

Je dessine une unité de 2.

Et puisque 2 est la moitié, je dessine une autre unité de 2.

Ma droite numérique montre la même chose. Si 2 est la moitié, 4 est le tout.

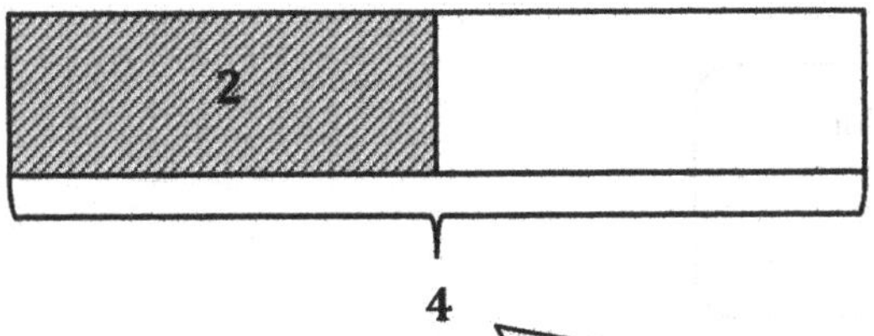

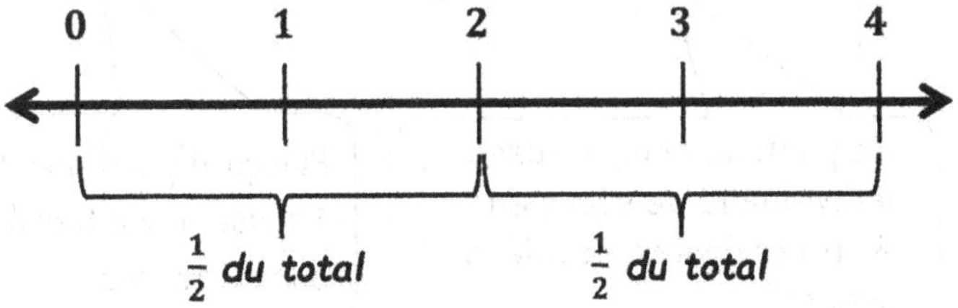

Par conséquent, si 2 est la moitié, 4 est le tout !

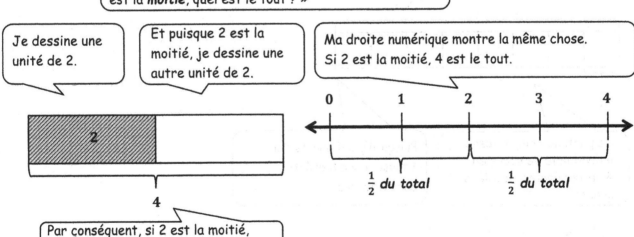

2. Divise. Puis multipliez pour vérifier.

$2 \div \frac{1}{3}$

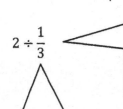

Je peux penser: « Combien de tiers sont dans 2 ? » Il y a 3 tiers en 1, donc il y a 6 tiers en 2.

Ou je peux penser: « Si 2 est un tiers, quel est le tout ? »

$2 \div \frac{1}{3} = 6$

Vérifie : $6 \times \frac{1}{3} = \frac{6 \times 1}{3} = \frac{6}{3} = 2$

3. Une recette de petits pains demande $\frac{1}{4}$ de tasse de sucre. Combien de lots de petits pains peuvent être préparés avec 2 tasses de sucre ?

Ce problème me demande de trouver combien de quarts sont dans 2.

Il y a un total de 2 tasses de sucre.

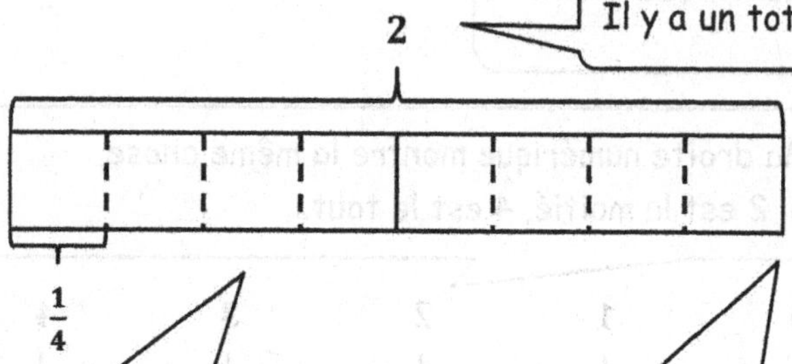

Je partage chaque tasse individuelle de sucre en 4 unités égales, appelées quarts.

Puisqu'il y a 4 quarts dans 1 tasse, il y a 8 quarts dans 2 tasses.

$2 \div \frac{1}{4} = 8$

8 *lots de rouleaux peuvent être préparés avec* 2 *tasses de sucre.*

Nom ______________________________ Date ______________

1. Dessinez un diagramme à bande et une droite numérique à résoudre. Remplissez les espaces qui suivent.

a. $3 \div \frac{1}{3} =$ ________

Il y a ______ tiers en 1 tout.

Il y a ______ tiers en 3 ensembles.

Si 3 est $\frac{1}{3}$, quel est le tout? ______

b. $3 \div \frac{1}{4} =$ ________

Il y a ______ quarts en 1 entier .

Il y a ______ quart de les touts.

Si 3 est $\frac{1}{4}$, quel est le tout? ______

c. $4 \div \frac{1}{3} =$ ________

Il y a ______ tiers en 1 tout.

Il y a tiers dans ______ entiers.

Si 4 est $\frac{1}{3}$, quel est le tout? ______

d. $5 \div \frac{1}{4} =$ ________

Il y a ______ quarts en 1 entier.

Il y a ______ quart de entiers .

Si 5 est $\frac{1}{4}$, quel est le tout? ______

2. Divise. Ensuite, multipliez pour vérifier.

a. $2 \div \frac{1}{4}$	b. $6 \div \frac{1}{2}$	c. $5 \div \frac{1}{4}$	d. $5 \div \frac{1}{8}$
e. $6 \div \frac{1}{3}$	f. $3 \div \frac{1}{6}$	g. $6 \div \frac{1}{5}$	h. $6 \div \frac{1}{10}$

3. Un directeur commande 8 sous-sandwichs pour une réunion des enseignants. Elle coupe les sous-marins en tiers et met le mini-sous-marins sur un plateau. Combien de mini-sous-marins y a-t-il sur le plateau ?

4. Certains élèves préparent 3 collations différentes. Ils font $\frac{1}{8}$ sacs de mélange de noix, $\frac{1}{4}$ livres sacs de cerises, et $\frac{1}{6}$ livres de fruits secs. S'ils achètent 3 livres de mélange de noix, 5 livres de cerises et 4 livres de fruits secs, combien de chaque type de sachet de collation pourront-ils fabriquer ?

1. Résolvez et soutenez votre réponse avec un modèle ou un diagramme sur bande. Écrivez votre quotient dans l'espace vide.

$\frac{1}{2} \div 3 = \frac{1}{6}$

Je peux penser à cette expression comme « une moitié d'une casserole de brownies est partagée également avec 3 personnes. Quelle quantité de casserole chaque personne reçoit-elle ? »

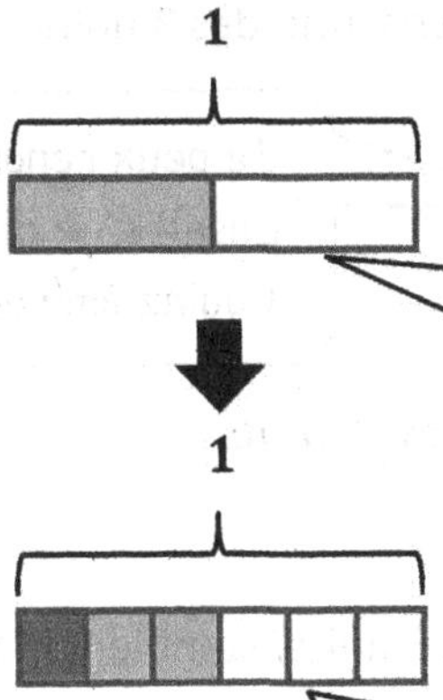

Je peux dessiner une casserole de brownies $\frac{1}{2}$ et ombrer la moitié d'une casserole qui sera partagée.

1 demi ÷ 3
= 3 sixièmes ÷ 3
= 1 sixième

Afin de partager les brownies à égalité avec 3 personnes, je les divise en 3 parties égales. Je fais la même chose pour l'autre moitié de la casserole afin que je puisse voir des unités égales. Chaque personne recevra $\frac{1}{6}$ de la casserole de brownies.

2. Divise. Ensuite, multipliez pour vérifier.

$\frac{1}{4} \div 5$

Je peux visualiser un diagramme de bande. Dans mon esprit, je peux voir 1 quart être divisé en 5 unités égales. Maintenant, au lieu de voir les quarts, le modèle montre les vingtièmes.

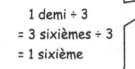

$\frac{5}{20} \div 5 = 5$ ***vingtièmes*** $\div\ 5 = 1$ ***vingtième*** $= \frac{1}{20}$

Je sais que 5 ÷ 5 est égal à 1.
Par conséquent, 5 vingtièmes ÷ 5 = 1 vingtième, ou $\frac{1}{20}$.

Vérifie : $\frac{1}{20} \times 5 = \frac{5}{20} = \frac{1}{4}$

Je vérifie ma réponse en multipliant le quotient, $\frac{1}{20}$, et le diviseur, 5, pour obtenir $\frac{1}{4}$.

Puisque Tim a lu $\frac{4}{5}$ du livre, cela signifie qu'il lui reste $\frac{1}{5}$ à lire.
$1 - \frac{4}{5} = \frac{1}{5}$

3. Tim a lu $\frac{4}{5}$ de son livre. Il termine le livre en lisant le même montant chaque nuit pendant 3 nuits.

   a. Quelle fraction du livre lit-il à chacune des 3 nuits?

$\frac{1}{5} \div 3 = \frac{3}{15} \div 3 = \frac{1}{15}$

Je peux renommer $\frac{1}{5}$ en $\frac{3}{15}$. Ensuite, je divise. 3 quinzièmes ÷ 3 = 1 quinzième ou $\frac{1}{15}$.

Il lit $\frac{1}{15}$ du livre sur chacun des 3 nuits .

   b. S'il lit 6 pages sur chacune des 3 nuits, combien de temps dure le livre?

1 unité = 6 pages
15 unités = 15 x 6 pages = 90 pages

Tim lit $\frac{1}{15}$, soit 6 pages, chaque soir. Donc $\frac{1}{15}$ ou 1 unité équivaut à 6 pages.

Le livre a 90 pages.

Le livre entier est égal à $\frac{15}{15}$, soit 15 unités. Alors je multiplie 15 fois 6.

Nom ____ Date ____________________

1. Résolvez et soutenez votre réponse avec un modèle ou un diagramme sur bande. Écrivez votre quotient dans l'espace vide.

a. $\frac{1}{2} \div 4 =$ ____

b. $\frac{1}{3} \div 6 =$

c. $\frac{1}{4} \div 3 =$ ____

d. $\frac{1}{5} \div 2 =$

2. Divise. Ensuite, multipliez pour vérifier.

a. $\frac{1}{2} \div 10$	b. $\frac{1}{4} \div 10$	c. $\frac{1}{3} \div 5$	d. $\frac{1}{5} \div 3$
e. $\frac{1}{8} \div 4$	f. $\frac{1}{7} \div 3$	g. $\frac{1}{10} \div 5$	h. $\frac{1}{5} \div 20$

3. Des équipes de quatre participent à une course de relais d'un quart de mille. Chaque coureur doit parcourir exactement la même distance. Quelle est la distance parcourue par chaque coéquipier ?

4. Salomon a lu $\frac{1}{3}$ de son livre. Il termine le livre en lisant le même montant chaque nuit pendant 5 nuits.

   a. Quelle fraction du livre lit-il chacune des 5 nuits ?

   b. S'il lit 14 pages sur chacune des 5 nuits, combien de temps dure le livre ?

1. Owen a commandé 2 mini gâteaux pour une fête d'anniversaire. Les gâteaux ont été coupés en cinquièmes. Combien de tranches y avait-il ? Dessinez une image pour soutenir votre réponse.

Je dessine un diagramme en ruban et l'étiquette 2 pour les 2 mini gâteaux.

Je peux penser: « Combien de cinquièmes y a-t-il dans 2 ? »

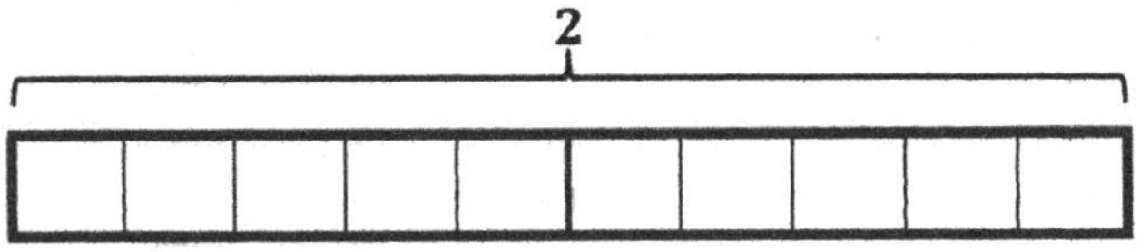

5 cinquièmes en 1 gâteau

10 cinquièmes en 2 gâteaux

$2 \div \frac{1}{5} = 10$

Je coupe chaque gâteau en 5 unités égales et j'obtiens un total de 10 unités.

Il y avait 10 tranches.

2. Alex a $\frac{1}{8}$ d'une pizza qui reste. Il veut donner les restes de pizza à 3 amis à partager également. Quelle fraction de la pizza originale chaque ami recevra-t-il? Dessinez une image pour soutenir votre réponse.

Je dessine un diagramme à ruban et le nomme 1 pour représenter la pizza entière. Je l'ai coupé en 8 unités égales et j'ai ombré 1 unité pour représenter le $\frac{1}{8}$ d'Alex.

Trois amis partagent $\frac{1}{8}$ d'une pizza. Je vais diviser $\frac{1}{8}$ par 3 pour savoir combien chaque ami recevra.

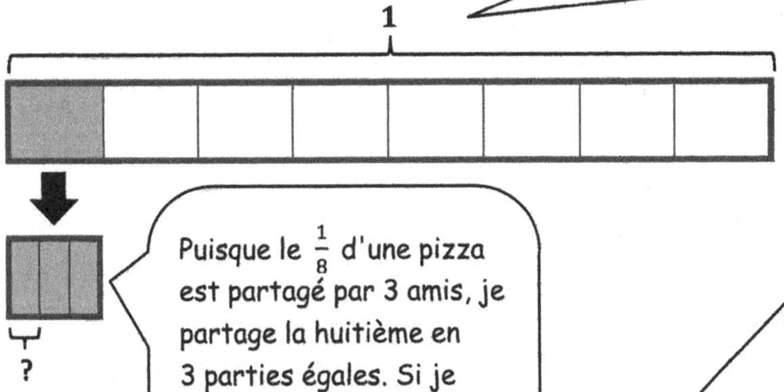

$\frac{1}{8} \div 3$

= 1 *huitième* ÷ 3

= 3 *vingt-quarts* ÷ 3

= 1 *vingt-quatrième*

Puisque le $\frac{1}{8}$ d'une pizza est partagé par 3 amis, je partage la huitième en 3 parties égales. Si je faisais cela avec les autres $\frac{7}{8}$, cela ferait un total de 24 unités.

Chaque ami recevra $\frac{1}{24}$ *d'une pizza.*

Un huitième est égal à 3 vingt-quarts. Trois vingt-quarts divisés par 3 sont égaux à 1 vingt-quatrième.

Nom ______________________________ Date ______________

1. Kelvin a commandé quatre pizzas pour une fête d'anniversaire. Les pizzas étaient coupées en huitièmes. Combien de tranches y avait-il? Dessinez une image pour soutenir votre réponse.

2. Virgil a $\frac{1}{6}$ d'un gâteau d'anniversaire laissé. Il veut partager les restes de gâteau avec 3 amis. Quelle fraction du gâteau original chacune des 4 personnes recevra-t-elle? Dessinez une image pour soutenir votre réponse.

3. Un pichet d'eau contient $\frac{1}{4}$ litres d'eau. L'eau est versée également dans 5 verres.

   a. Combien de litres d'eau y a-t-il dans chaque verre? Dessinez une image pour soutenir votre réponse.

b. Écrivez la quantité d'eau dans chaque verre en millilitres.

4. Drew a 4 morceaux de corde de 1 mètre de long chacun. Il coupe chaque corde en cinquièmes.

a. Combien de cinquièmes aura-t-il après avoir coupé toutes les cordes ?

b. Quelle sera la longueur de chacun des cinquièmes en centimètres ?

5. Un récipient est rempli de myrtilles. $\frac{1}{6}$ des myrtilles est versé également dans deux bols.

   a. Quelle est la fraction des myrtilles dans chaque bol ?

   b. Si chaque bol contient 6 onces de myrtilles, combien d'onces de myrtilles y avait-il dans le contenant plein ?

   c. Si $\frac{1}{5}$ des myrtilles restantes sont utilisées pour faire des muffins, combien de kilos de myrtilles restent dans le conteneur ?

Mon problème d'histoire doit être d'environ 4 mètres de corde.

1. Créez et résolvez un problème d'histoire de division d'environ 4 mètres de corde qui est modélisé par le diagramme à bande ci-dessous.

Le tout ou dividende est de 4 mètres, et il est découpé en unités de $\frac{1}{3}$ de mètre. Un tiers est le diviseur.

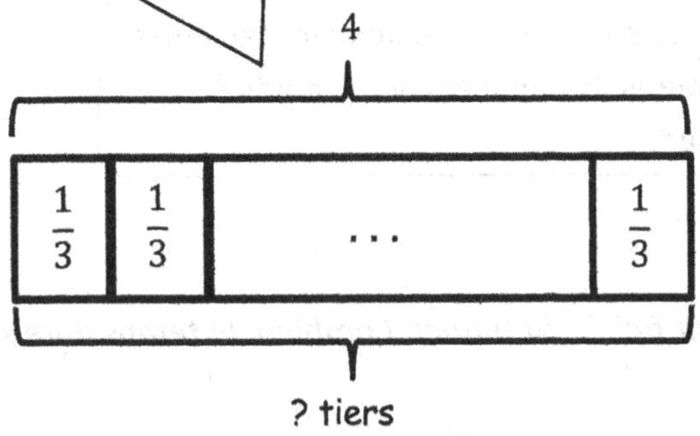

Combien de tiers sont dans 4? Je peux résoudre en divisant, $4 \div \frac{1}{3}$.

Allison a 4 mètres de corde. Elle coupe chaque mètre également en tiers. Combien de tiers en aura-t-elle au total?

$4 \div \frac{1}{3} = 12$

Allison aura 12 tiers.

Puisqu'il y a 3 tiers en 1, 2 = 6 tiers, 3 = 9 tiers et 4 = 12 tiers. Par conséquent, 4 divisé par $\frac{1}{3}$ est égal à 12.

2. Créer et résoudre un problème d'histoire sur $\frac{1}{3}$ livre d'arachides qui est modélisé par le diagramme de bande ci-dessous.

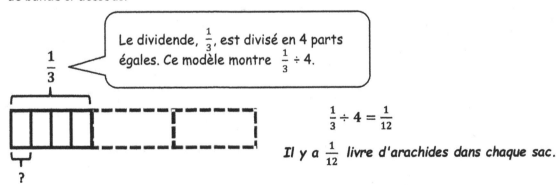

Le dividende, $\frac{1}{3}$, est divisé en 4 parts égales. Ce modèle montre $\frac{1}{3} \div 4$.

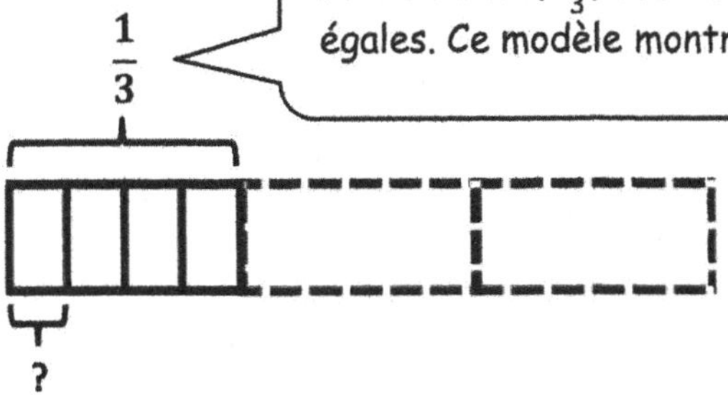

$\frac{1}{3} \div 4 = \frac{1}{12}$

Il y a $\frac{1}{12}$ livre d'arachides dans chaque sac.

Juanita a acheté $\frac{1}{3}$ livre d'arachides. Elle divise les cacahuètes également en 4 Sacs. Combien de livres de des arachides sont dans chaque sac ?

3. Dessinez un diagramme à bande et créez un problème de mot pour les expressions suivantes, puis résolvez-le.

$2 \div \frac{1}{5} = \mathbf{10}$

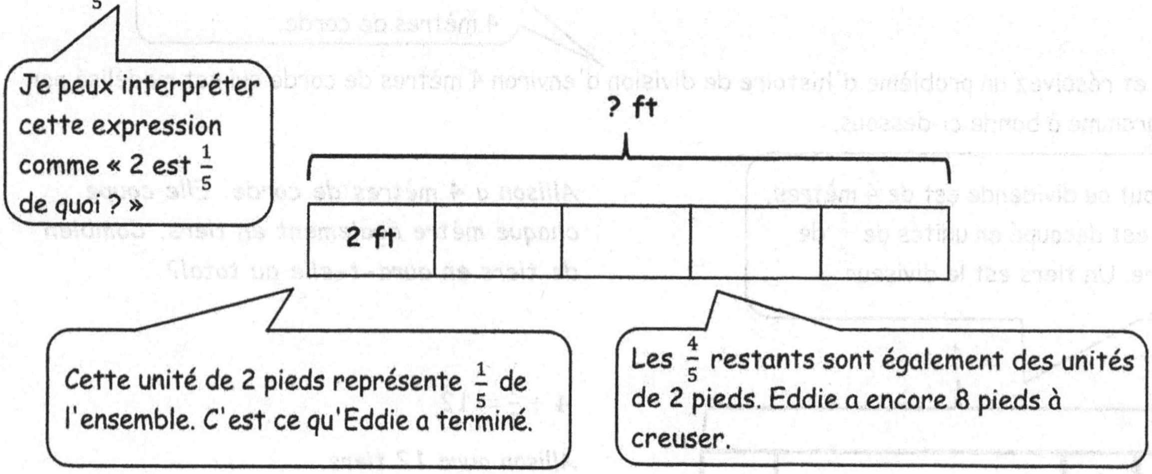
Je peux interpréter cette expression comme « 2 est $\frac{1}{5}$ de quoi ? »
? ft
2 ft
Cette unité de 2 pieds représente $\frac{1}{5}$ de l'ensemble. C'est ce qu'Eddie a terminé.
Les $\frac{4}{5}$ restants sont également des unités de 2 pieds. Eddie a encore 8 pieds à creuser.

Après avoir creusé un tunnel 2 pieds de long, Eddie avait fini $\frac{1}{5}$ du tunnel. Combien de temps durera le tunnel quand Eddie aura fini ?

Le tunnel sera dix pieds de long.

Nom ______________________________ Date ____________

1. Créez et résolvez un problème d'histoire de division d'environ 7 pieds de corde modélisé par le diagramme à bande au dessous de.

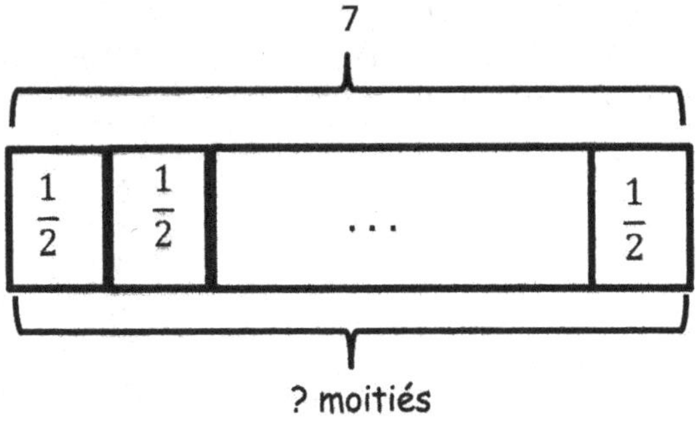

2. Créer et résoudre un problème d'histoire sur $\frac{1}{3}$ livre de farine modélisée par le diagramme ci-dessous.

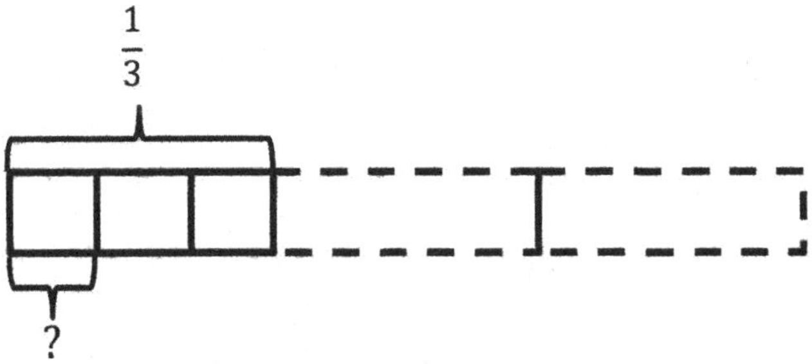

3. Dessinez un diagramme à bande et créez un problème de mot pour les expressions suivantes. Ensuite, résolvez et vérifiez.

   a. $2 \div \frac{1}{4}$

   b. $\frac{1}{4} \div 2$

   c. $\frac{1}{3} \div 5$

   d. $3 \div \frac{1}{10}$

1. Divise. Réécrivez chaque expression comme une phrase de division avec un diviseur de fraction et remplissez les espaces.

   a. $4 \div 0.1 = 4 \div \frac{1}{10} = 40$

   Il y a **10** dixièmes en 1 tout.

   Il y a **40** dixièmes en 4 entiers.

   b. $3.5 \div 0.1 = 3.5 \div \frac{1}{10} = 35$

   Il y a 10 dixièmes en 1, donc il y a 30 dixièmes en 3.

   Il y a **30** dixièmes en 3 ensembles.

   Il y a **5** dixièmes en 5 dixièmes.

   Il y a **3 5** dixièmes en 3.5.

   c. $5 \div 0.01 = 5 \div \frac{1}{100} = 500$

   Il y a **100** centièmes en 1 entier.

   Il y a **5 00** centièmes en 5 entiers.

   d. $2.7 \div 0.01 = 2.7 \div \frac{1}{100} = 270$

   Il y a 100 centièmes dans 1, donc il y a 200 centièmes dans 2.

   Il y a **200** centièmes en 2 ensembles.

   Il y a **70** centièmes en 7 dixièmes.

   Il y a 10 centièmes dans 1 dixième, donc il y a 70 centièmes dans 7 dixièmes.

   Il y a **2 70** centièmes en 2.7.

2. Divise.

a. $35 \div 0.1$

$= \mathbf{35} \div \frac{\mathbf{1}}{\mathbf{10}}$

$= \mathbf{350}$

Je sais qu'il y a 10 dixièmes en 1 et 100 dixièmes en 10. Il y a donc 350 dixièmes sur 35.

b. $1.9 \div 0.1$

$= \mathbf{1.9} \div \frac{\mathbf{1}}{\mathbf{10}}$

$= \mathbf{19}$

Je peux décomposer 1.9 en 1 un 9 dixièmes. Il y a 10 dixièmes en 1 et 9 dixièmes en 9 dixièmes. Par conséquent, il y a 19 dixièmes dans 1.9.

c. $3.76 \div 0.01$

$= \mathbf{3.76} \div \frac{\mathbf{1}}{\mathbf{100}}$

$= \mathbf{376}$

Je peux décomposer 3.76 en 3 unités 7 dixièmes 6 centièmes. 3 unités = 300 centièmes, 7 dixièmes = 70 centièmes et 6 centièmes = 6 centièmes.

Nom ________________________________ Date ________________

1. Divise. Réécrivez chaque expression comme une phrase de division avec un diviseur de fraction et remplissez les espaces. Le premier a été fait pour toi.

Exemple: $4 \div 0.1 = 4 \div \frac{1}{10} = 40$

Il y a **dix** dixièmes en 1 tout.

Il y a **40** dixièmes en 4 entiers.

a. 9 ÷ 0.1

Il y a _____ dixièmes en 1 tout.

Il y a _____ dixièmes en 9 entiers.

b. 6 ÷ 0.1

Il y a _____ dixièmes en 1 tout.

Il y a _____ dixièmes en 6 entiers.

c. 3.6 ÷ 0.1

Il y a _____ dixièmes en 3 ensembles.

Il y a _____ dixièmes en 6 dixièmes.

Il y a _____ dixièmes en 3,6.

d. 12.8 ÷ 0.1

Il y a _____ dixièmes en 12 entiers.

Il y a _____ dixièmes en 8 dixièmes.

Il y a _____ dixièmes en 12.8.

e. 3 ÷ 0.01

Il y a _____ centièmes en 1 entier.

Il y a _____ centièmes en 3 entiers.

f. 7 ÷ 0.01

Il y a _____ centièmes en 1 entier.

Il y a _____ centièmes en 7 entiers.

g. 4.7 ÷ 0.01

Il y a _____ centièmes en 4 entiers.

Il y a _____ centièmes en 7 dixièmes.

Il y a _____ centièmes en 4,7.

h. 11.3 ÷ 0.01

Il y a _____ centièmes en 11 entiers.

Il y a _____ centièmes en 3 dixièmes.

Il y a _____ centièmes en 11,3.

2. Divise.

a. $2 \div 0.1$	b. $23 \div 0.1$	c. $5 \div 0.01$
d. $7.2 \div 0.1$	e. $51 \div 0.01$	f. $31 \div 0.1$
g. $231 \div 0.1$	h. $4.37 \div 0.01$	i. $24.5 \div 0.01$

3. Giovanna est facturée \$0.01 pour chaque SMS qu'elle envoie. Le mois dernier, sa facture de téléphone portable comprenait un Frais de \$12.60 pour les messages texte. Combien de SMS a envoyé Giovanna ?

4. Géraldine a résolu un problème: $68.5 \div 0.01 = 6.850$.

Ralph a dit: « C'est faux parce qu'un quotient ne peut pas être supérieur au tout avec lequel vous commencez. Par exemple, $8 \div 2 = 4$ et $250 \div 5 = 50$. » Qui a raison ? Explique ton raisonnement.

5. Le prix de l'once d'or le 23 septembre 2013 était de \$1,326.40. Un groupe de 10 amis décident de partager également le coût d'une once d'or. Combien d'argent paiera chaque ami?

1. Réécrivez l'expression de division sous forme de fraction et divisez.

a. $6.3 \div 0.9 = \frac{6.3}{0.9}$

$= \frac{6.3 \times 10}{0.9 \times 10}$

$= \frac{63}{9}$

$= 7$

Je peux multiplier cette fraction par 1, ou $\frac{10}{10}$, pour obtenir un dénominateur qui est un nombre entier.

Après avoir multiplié par $\frac{10}{10}$, l'expression de division est 63 divisé par 9.

b. $6.3 \div 0.09 = \frac{6.3}{0.09}$

$= \frac{6.3 \times 100}{0.09 \times 100}$

$= \frac{630}{9}$

$= 70$

Je peux multiplier cette fraction par 1, ou $\frac{100}{100}$, pour obtenir un dénominateur qui est un nombre entier.

c. $4.8 \div 1.2 = \frac{4.8}{1.2}$

$= \frac{4.8 \times 10}{1.2 \times 10}$

$= \frac{48}{12}$

$= 4$

d. $0.48 \div 0.12 = \frac{0.48}{0.12}$

$= \frac{0.48 \times 100}{0.12 \times 100}$

$= \frac{48}{12}$

$= 4$

2. M. Huynh achète 2.4 kg de farine pour sa boulangerie.

a. S'il verse 0.8 kg de farine dans des sacs séparés, combien de sacs de farine peut-il fabriquer?

Je peux diviser 2.4 kg par 0.8 kg pour trouver le nombre de sacs de farine qu'il peut fabriquer.

$$2.4 \div 0.8 = \frac{2.4}{0.8}$$
$$= \frac{2.4 \times 10}{0.8 \times 10}$$
$$= \frac{24}{8}$$
$$= 3$$

24 divisé par 8 est égal à 3.

Il peut faire 3 sacs de farine.

b. S'il verse 0.4 kg de farine dans des sacs séparés, combien de sacs de farine peut-il fabriquer ?

$$2.4 \div 0.4 = \frac{2.4}{0.4}$$
$$= \frac{2.4 \times 10}{0.4 \times 10}$$
$$= \frac{24}{4}$$
$$= 6$$

Il peut faire 6 sacs de farine.

Nom ______________________________ Date ____________________

1. Réécrivez l'expression de division sous forme de fraction et divisez. Les deux premiers ont été lancés pour vous.

a. $2.4 \div 0.8 = \frac{2.4}{0.8}$ $= \frac{2.4 \times 10}{0.8 \times 10}$ $= \frac{24}{8}$ $=$	b. $2.4 \div 0.08 = \frac{2.4}{0.08}$ $= \frac{2.4 \times 100}{0.08 \times 100}$ $= \frac{240}{8}$ $=$
c. $4.8 \div 0.6$	d. $0.48 \div 0.06$
e. $8.4 \div 0.7$	f. $0.84 \div 0.07$

g. 4.5 ÷ 1.5	h. 0.45 ÷ 0.15
i. 14.4 ÷ 1.2	j. 1.44 ÷ 0.12

2. Leann dit 18 ÷ 6 = 3, donc 1.8 ÷ 0.6 = 0.3 et 0.18 ÷ 0.06 = 0.03. Leann a-t-il raison ? Expliquez comment résoudre ces problèmes de division.

3. Denise fabrique des poufs. Elle a 6.4 livres de haricots.

   a. Si elle fabrique chaque pouf 0.8 livre, combien de poufs pourra-t-elle fabriquer ?

   b. Si elle décide à la place de fabriquer des mini poufs deux fois moins lourds, combien peut-elle en fabriquer ?

4. Les petites salières d'un restaurant contiennent 0.6 once de sel. Ses grands shakers en tiennent deux fois plus. Les agitateurs sont remplis à partir d'un récipient contenant 18.6 onces de sel. Si 8 grands shakers sont remplis, combien de petits shakers peuvent être remplis avec le sel restant ?

1. Estimez, puis divisez.

Je peux penser à multiplier le dividende (89.6) et le diviseur (0.8) par 10 pour obtenir 896 ÷ 8.

a. $89.6 \div 0.8 \approx \mathbf{880 \div 8 = 110}$

$= \dfrac{89.6}{0.8}$

Je peux multiplier cette fraction par 1, ou $\frac{10}{10}$, pour obtenir un dénominateur qui est un nombre entier.

$= \dfrac{89.6 \times 10}{0.8 \times 10}$

$= \dfrac{896}{8}$

$= 112$

J'utilise l'algorithme de division longue pour résoudre 896 divisé par 8. La réponse est 112, ce qui est très proche de ma réponse estimée de 110.

```
    1 1 2
8 | 8 9 6
  − 8
    0 9
  −   8
      1 6
    − 1 6
        0
```

J'imagine multiplier le dividende et le diviseur par 100 pour obtenir 524 ÷ 4.

b. $5.24 \div 0.04 \approx \mathbf{400 \div 4 = 100}$

$= \dfrac{5.24}{0.04}$

Je peux multiplier cette fraction par 1, ou $\frac{100}{100}$, pour obtenir un dénominateur qui est un nombre entier.

$= \dfrac{5.24 \times 100}{0.04 \times 100}$

$= \dfrac{524}{4}$

$= 131$

524 divisé par 4 est égal à 131.

```
    1 3 1
4 | 5 2 4
  − 4
    1 2
  − 1 2
      0 4
    −   4
        0
```

2. Résolvez en utilisant l'algorithme standard. Utilisez la bulle de pensée pour montrer votre réflexion lorsque vous renommez le diviseur en nombre entier.

$2.64 \div 0.06 = \mathbf{44}$

J'écris une note expliquant comment je peux réécrire l'expression de division de 2.64 ÷ 0.06 à 264 ÷ 6. Les deux expressions sont équivalentes.

J'ai multiplié 2.64 et 0.06 par 100 pour obtenir une expression de division équivalente avec des nombres entiers.

$$2.64 \div 0.06 = \frac{264}{6}$$

$$\begin{array}{r|rrr} & & 4 & 4 \\ \hline 6 & 2 & 6 & 4 \\ - & 2 & 4 & \\ \hline & & 2 & 4 \\ & - & 2 & 4 \\ \hline & & & 0 \end{array}$$

Je résous en utilisant l'algorithme de division longue, 264 ÷ 6 = 44.

Nom ______________________________ Date ______________

1. Estimez puis divisez. Un exemple a été fait pour vous.

$78.4 \div 0.7 \approx 770 \div 7 = 110$

$= \frac{78.4}{0.7}$

$= \frac{78.4 \times 10}{0.7 \times 10}$

$= \frac{784}{7}$

$= 112$

```
    1 1 2
7 | 7 8 4
   -7
    8
   -7
    1 4
   -1 4
      0
```

a. $61.6 \div 0.8 \approx$

b. $5.74 \div 0.7 \approx$

2. Estimez puis divisez. Un exemple a été fait pour vous.

$7.32 \div 0.06 \approx 720 \div 6 = 120$

$= \frac{7.32}{0.06}$

$= \frac{7.32 \times 100}{0.06 \times 100}$

$= \frac{732}{6}$

$= 122$

```
    1 2 2
6 | 7 3 2
   -6
    1 3
   -1 2
      1 2
     -1 2
        0
```

a. $4.74 \div 0.06 \approx$

b. $19.44 \div 0.54 \approx$

3. Résolvez en utilisant l'algorithme standard. Utilisez la bulle de pensée pour montrer votre réflexion lorsque vous renommez le diviseur en nombre entier.

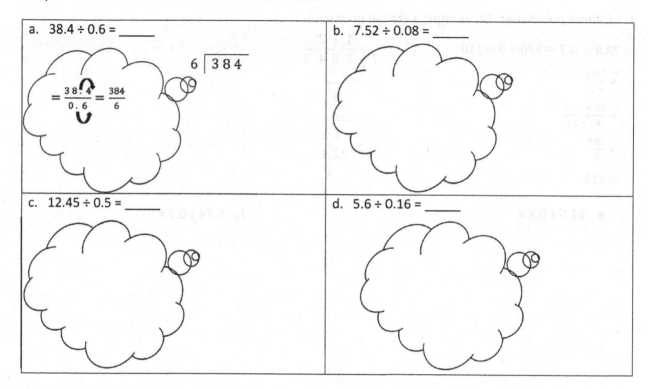

a. 38.4 ÷ 0.6 = _____ $= \frac{38.4}{0.6} = \frac{384}{6}$ $6 \overline{)\,384}$	b. 7.52 ÷ 0.08 = _____
c. 12.45 ÷ 0.5 = _____	d. 5.6 ÷ 0.16 = _____

4. Lucia fabrique une ficelle perlée de 21.6 centimètres à accrocher dans la fenêtre. Elle décide de mettre une perle verte tous les 0.4 centimètres et une perle violette tous les 0.6 centimètres. De combien de perles vertes et de combien de perles violettes aura-t-elle besoin ?

5. Un groupe de 14 amis recueille 0.7 livre de myrtilles et décide de faire des muffins aux myrtilles. Ils ont mis 0.05 livre de baies dans chaque muffin. Combien de muffins peuvent-ils préparer s'ils utilisent toutes les myrtilles qu'ils ont récoltées ?

1. Entourez l'expression équivalente à *la somme de* 5 *et* 2 *divisé par* $\frac{1}{5}$.

$\frac{5+2}{5}$

Cette expression représente la somme de 5 et 2 divisée par 5.

$5+\left(2\div\frac{1}{5}\right)$

Cette expression représente la somme de 5 et le quotient de 2 divisé par $\frac{1}{5}$.

$\frac{1}{5}\div(5+2)$

Cette expression représente $\frac{1}{5}$ divisé par la somme de 5 et 2.

$(5+2)\div\frac{1}{5}$ (entourée)

Cette expression équivaut à la somme de 5 et 2 divisée par $\frac{1}{5}$.

2. Remplissez le graphique en écrivant une expression numérique équivalente.

Je peux trouver « la moitié » en divisant par 2 ou en multipliant par $\frac{1}{2}$.

La *différence* entre deux nombres signifie que je dois utiliser la soustraction pour résoudre.

C'est une manière possible d'écrire l'expression numérique.

a.	La moitié de la différence entre $1\frac{1}{4}$ et $\frac{5}{8}$	$\left(1\frac{1}{4}-\frac{5}{8}\right)\div 2$
b.	Ajoutez 3,9 et $\frac{5}{7}$, puis triplez la somme.	$\left(3.9+\frac{5}{7}\right)\times 3$

Ajouter deux nombres signifie que je dois utiliser l'addition.

Je peux tripler un nombre en l'ajoutant 3 fois ou en le multipliant par 3.

3. Remplissez le graphique en écrivant une expression équivalente sous forme de mot.

Je vois le signe de soustraction, j'utilise donc l'expression « *différence entre* $\frac{3}{5}$ ________ *et* ».

Je vois le signe de multiplication, alors j'utilise l'expression « produit de $\frac{1}{4}$ et 2 dixièmes ».

a.	***La différence entre*** $\frac{3}{5}$ ***et le produit de*** $\frac{1}{4}$ ***et 2 dixièmes***	$\frac{3}{5}-\left(\frac{1}{4}\times 0.2\right)$
b.	$\frac{3}{2}$ ***fois la somme de 2.75 et*** $\frac{1}{8}$	$\left(2.75+\frac{1}{8}\right)\times\frac{3}{2}$

Je vois le signe d'addition, j'utilise donc l'expression « *somme de 2,75 et* $\frac{1}{8}$ ».

Je vois le symbole de multiplication, alors je dis « $\frac{3}{2}$ fois. »

Évaluer signifie « trouver la valeur de ».

4. Évaluez ce qui suit l'expression.

Je vois deux signes de multiplication dans cette expression, donc je peux le résoudre de gauche à droite. Mais comme la multiplication est associative, je peux résoudre $\frac{4}{9}\times\frac{9}{4}$ d'abord parce que je peux voir que le produit est 1.

$\frac{1}{2}\times\frac{4}{9}\times\frac{9}{4}$

Je mets une parenthèse autour de $\frac{4}{9}\times\frac{9}{4}$ pour montrer que je le résous en premier.

$=\frac{1}{2}\times\left(\frac{4}{9}\times\frac{9}{4}\right)$

$\frac{4}{9}\times\frac{9}{4}$ est égal à $\frac{36}{36}$, soit 1.

$=\frac{1}{2}\times 1$

$=\frac{1}{2}$

$\frac{1}{2}$ de 1 est $\frac{1}{2}$.

Nom ____________________ Date ____________

1. Entourez l'expression équivalente à *la différence entre 7 et 4, divisée par un cinquième.*

$7 + (4 \div \frac{1}{5})$ $\frac{7-4}{5}$ $(7-4) \div \frac{1}{5}$ $\frac{1}{5} \div (7-4)$

2. Entourez les expressions équivalentes à *42 divisé par la somme de* $\frac{2}{3}$ *et* $\frac{3}{4}$.

$(\frac{2}{3} + \frac{3}{4}) \div 42$ $(42 \div \frac{2}{3}) + \frac{3}{4}$ $42 \div (\frac{2}{3} + \frac{3}{4})$ $\frac{42}{\frac{2}{3} + \frac{3}{4}}$

3. Remplissez le graphique en écrivant l'expression numérique équivalente ou l'expression sous forme de mot.

	Expression sous forme de mot	Expression numérique
a.	Un quatrième autant que la somme de$3\frac{1}{8}$ et 4.5	
b.		$(3\frac{1}{8} + 4.5) \div 5$
c.	Multiplier $\frac{3}{5}$ par 5.8 ; puis divisez le produit en deux	
d.		$\frac{1}{6} \times (4.8 - \frac{1}{2})$
e.		$8 - (\frac{1}{2} \div 9)$

4. Comparez les expressions en 3 (a) et 3 (b). Sans évaluer, identifiez l'expression la plus élevée. Explique comment tu le sais.

5. Évaluez les expressions suivantes.

a. $(11-6) \div \frac{1}{6}$

b. $\frac{9}{5} \times (4 \times \frac{1}{6})$

c. $\frac{1}{10} \div (5 \div \frac{1}{2})$

d. $\frac{3}{4} \times \frac{2}{5} \times \frac{4}{3}$

e. 50 divisé par la différence entre $\frac{3}{4}$ et $\frac{5}{8}$

6. Lee envoie 32 invitations à des fêtes d'anniversaire. Elle donne 5 invitations à sa maman à donner aux membres de sa famille. Lee envoie un tiers du reste, puis elle prend une pause pour promener son chien.

a. Écrivez une expression numérique pour décrire le nombre d'invitations que Lee a déjà envoyées.

b. Quelle expression correspond au nombre d'invitations à envoyer?

$32 - 5 - \frac{1}{3}(32 - 5)$ $\frac{2}{3} \times 32 - 5$ $(32 - 5) \div \frac{1}{3}$ $\frac{1}{3} \times (32 - 5)$

EUREKA MATH

Je peux représenter cette histoire avec l'expression $\frac{1}{4} \div 3$.

1. Mme Brady a $\frac{1}{4}$ de litre de jus. Elle le distribue également à 3 étudiants de son groupe de tutorat.

   a. Combien de litres de jus chaque élève reçoit-il ?

$\frac{1}{4} \div 3$

Je peux renommer 1 quart en 3 douzièmes, donc diviser par 3 est plus facile.

= 1 *quatrième* ÷ 3

= 3 *douzièmes* ÷ 3

3 douzièmes divisés par 3 font 1 douzième.

= 1 *douzième*

Chaque élève reçoit $\frac{1}{12}$ litre de jus.

   b. De combien de litres de jus supplémentaires Mme Brady aura-t-elle besoin si elle veut donner chacun des 36 étudiants en sa classe la même quantité de jus que dans la partie (a) ?

$36 \times \frac{1}{12}$ *litre*

Je peux multiplier pour trouver la quantité de jus dont elle aura besoin pour servir 36 élèves.

$= \frac{36 \times 1}{12}$ *litres*

$= \frac{36}{12}$ *litres*

Mme Brady aura besoin de 3 litres de jus pour 36 élèves.

= 3 *litres*

3 *litres* $- \frac{1}{4}$ *litre* $= 2\frac{3}{4}$ *litres*

Je soustrais pour savoir de combien de jus elle aura besoin de plus

Mme Brady aura besoin de $2\frac{3}{4}$ litres supplémentaires de jus.

2. Austin achète $16.20 vaut du pamplemousse.
Chaque pamplemousse coûte $0.60.
   a. Combien de pamplemousses Austin achète-t-elle ?

$16.20 ÷ $0.60

Pour trouver combien de pamplemousses achète Austin, j'utilise le coût total divisé par le coût de chaque pamplemousse.

$= \frac{16.2}{0.6} \times \frac{10}{10}$

Je multiplie la fraction par 1, ou $\frac{10}{10}$, pour obtenir un dénominateur qui est un nombre entier.

$= \frac{162}{6}$

$= 27$

$$\begin{array}{r} 27 \\ 6\overline{)162} \\ -12 \\ \hline 42 \\ -42 \\ \hline 0 \end{array}$$

J'utilise l'algorithme de division longue pour résoudre 162 divisé par 6. La réponse est 27.

Austin achète 27 fruits de raisin.

   b. Dans le même magasin, Mandy dépense un tiers de plus d'argent en pamplemousse qu'Austin. Combien de pamplemousses achète-t-elle ?

Puisque Mandy a dépensé $\frac{1}{3}$ autant d'argent en pamplemousse qu'Austin, cela signifie qu'elle achète $\frac{1}{3}$ du nombre de pamplemousses.

$27 \div 3 = 9$

Mandy achète 9 pamplemousses.

Pour trouver un tiers d'un nombre, je peux multiplier par $\frac{1}{3}$ ou diviser par 3.

EUREKA MATH

Nom ______________________ Date ______________

1. Chasser les bénévoles dans un refuge pour animaux après l'école, nourrir et jouer avec les chats.
   a. S'il peut préparer 5 portions de nourriture pour chat à partir d'un tiers de kilogramme de nourriture, combien une portion peser ?

   b. Si Chase veut donner cette même portion à chacun des 20 chats, combien de kilogrammes de nourriture avoir besoin ?

2. Anouk a 4.75 livres de viande. Elle utilise un quart de livre de viande pour faire un hamburger.
   a. Combien de hamburgers Anouk peut-il préparer avec la viande qu'elle a ?

   b. Parfois, Anouk fait des curseurs. Chaque curseur représente la moitié de la viande utilisée pour un hamburger ordinaire. Combien de curseurs Anouk pourrait-il fabriquer avec les 4,75 livres ?

3. Mme Geronimo a un chèque-cadeau de $10 à sa boulangerie locale.

a. Si elle achète une part de tarte pour $2,20 et utilise le reste du chèque-cadeau pour acheter des macarons au chocolat qui coûtent $0.60 chacun, combien de macarons Mme Geronimo peut-elle acheter ?

b. Si elle change d'avis et achète à la place une miche de pain pour $4.60 et utilise le reste pour acheter des cookies qui coûtent $1\frac{1}{2}$ fois plus que les macarons, combien de biscuits peut-elle acheter ?

4. Créez un contexte d'histoire pour les expressions suivantes.

a. $(5\frac{1}{4} - 2\frac{1}{8}) \div 4$

b. $4 \times (\frac{4.8}{0.8})$

5. Créez un contexte d'histoire pour le diagramme de bande suivant.

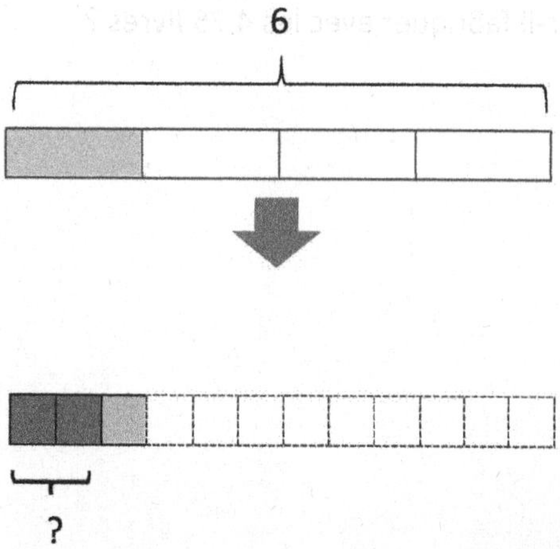

Crédits

Great Minds® a fait tout son possible pour obtenir l'autorisation de réimprimer tout le matériel protégé par des droits d'auteur. Si un propriétaire de matériel protégé par des droits d'auteur n'est pas mentionné dans le présent document, veuillez contacter Great Minds pour qu'il soit dûment mentionné dans toutes les éditions et réimpressions futures de ce module.